농업, 거의 모든 것의 역사

농업, 거의 모든 것의 역사

양승룡 지음

KYOWOOSA 教友社

프롤로그

눈부신 경제성장과 유신독재가 한창이던 1970년대 말 필자는 농업경제학도가 되었다. 민주화에 대한 염원과 경제성장에 대한 욕구가 서로 충돌하면서 대학은 이데올로기적 혼란과 실천적 모순에 비틀거리는 우골탑이었다. 그러나 그 시절 농업문제는 필자의 학문적 호기심을 자극하고 이데올로기를 뛰어넘는 현실 참여의 수단으로 다가왔다. 쌀의 완전자급과 협업농을 통한 생산조직화, 그리고 밭떼기거래의 근절과 농가부채 감소가 당시의 중요한 화두였다.

그로부터 30년. 한국농업은 더 힘든 싸움을 하고 있다. WTO를 통한 전세계적인 시장개방은 무한경쟁시대를 불러왔고, FTA는 부문별 각개전투를 요구하고 있다. 농가부채는 감당하기 힘든 수준까지 커졌다. 농업내부의 소득격차도 사상최대 수준으로 높아졌다. 소비자들은 더욱 까다로워지고 전지구로 확대된 전선은 더욱 거칠어진다. 농민들은 단순한 생산을 넘어 전문경영인이 되기를 요구받고 있다. 브랜드화와 정보화는 기본이고, 농산물우수관리GAP와 이력추적traceability, 위해요소중점관리HACCP 등도 필수적인 사항이다.

최근의 한국 농업은 한미 FTA와 광우병 촛불시위, DDA 협상과 쌀 조기관세화 등으로 매우 어지러운 시간을 보내고 있다. 국제적으로는 미국의 서브프라임 사태에서 비롯된 글로벌 경기침체와 국제 곡물가격의 폭등으로 인한 식량위기, 원유를 비롯한 원자재가격 상승 등이 여전히 뜨거운 이슈로 다뤄지고 있다. 이에 따라 세계 농업은 그 어느 때 보다 많은 관심을 받고 있으며, 중요성도 커졌다. 농업 정책이나 농업과 관련된 문제들은 단순히 시장경제의 논리에 의해 해결 될 수 있는 문제가 아니라는 인식이 확산되고 있다.

이 저서는 농업 문제에 관심이 있는 학생이나 정부관료, 농업관련기관 종사자들을 대상으로 농업문제와 농업정책에 대한 관심과 이해를 제고시키는 목적으로 기획되었다. 그간 필자는 농민신문의 〈양승룡 칼럼〉을 비롯한 여러 지면을 통해 농업정책이나 당면한 이슈에 대한 의견을 개진하여 왔다. 이들 신문이나 전문토론 매체에 기고한 글들은 대입논술 준비를 하는 수험생들을 비롯하여 여러 블로그 등에서 인용되어 왔으며, 이 글들을 일관된 주제에 맞게 정리하여 농업문제에 대한 해설서나 참고서로 활용하라는 주문이 있었다. 오랜 시간을 주저하다가 드디어 용기를 내어 필자의 생각을 한 줄로 꿰어 보기로 했다. 이 책은 그러한 시도의 결과물이다.

그러나 이 책은 농업을 주제로 한 에세이가 아니다. 오히려 현실의 농업문제를 경제학적인 논리를 바탕으로 해부하는 전문해설서에 가깝다. 아무쪼록 이 책이 농업문제를 이해하고 농업정책을 보다 효율적으로 디자인하는데 일조하기를 바란다.

목 차

제4장 식량주권을 확립하자 / 93

제5장 생명공학, 새로운 그러나 가공할 정보혁명 / 113

제6장 농산물 유통정책, 원론에 충실해야 / 133

제1장

한국농업을 어떻게 할 것인가?

농업, 거의 모든 것의 역사

2009.09.09 농민신문

인류의 역사는 200만 년으로 추정된다. 이 시간의 길이는 46억 년 지구 역사를 우리 신장에 비교할 때 머리카락 한 올 두께 정도 된다. 수억 년 전에 이미 진화가 완성된 상어나 개미 등에 비하면 보잘 것 없는 역사를 가진 인류가 어떻게 오늘날의 찬란한 문명을 이루고 살 수 있을까.

미래학자 앨빈 토플러는 인류의 역사를 3개의 거대한 물결로 분류했다. 1만 년 전 농업혁명을 제 1의 물결, 18세기 산업혁명을 제 2의 물결, 오늘날 인터넷 기반의 정보혁명을 제 3의 물결이라 칭하였다. 이 세 가지 물결의 공통점은 생산방식의 혁신을 통해 인류의 살아가는 모습과 방식, 생각의 틀을 바꿨다는 데 있다. 산업혁명은 자본주의와 시장경제체제, 시민사회를 잉태했고, 정보혁명은 기존의 산업구조를 근본적으로 변화시키며 새로운 사회를 만들어가고 있다. 그러나 이 두 물결은 첫 번째 물결이 없었다면 결코 존재하지 못했을 것이다. 농업혁명은 인류가 원시인의 모습에서 벗어나 문명을 이루고 사는데 결정적인 기여를 했다.

농업혁명은 먹을거리를 채집과 수렵에 의존하던 인간이 씨앗을 적절한 시기에 땅에 심고 이를 잘 관리하면 수십 배, 수백 배의 수확이 가능한 것을 이해하고 실행한 것을 의미한다. 이는 18세기 프랑스 재무장관이었던 튀르고를 위시한 유럽의 **중농학파***들이 농업만이 유일하게 부를 창출하는 가장 중요한 산업으로 인식한 근거가 된다. 농업을 중시하는 이러한 전통은 아직도 유럽대륙에 깊게 뿌리내리고 있으며, 농업에 대한 애정과 농업 · 농촌정책의 토대가 된다.

농업혁명을 이룬 농사의 비법을 알기까지는 아마 100만 년 이상의 시간이 필요했을 것이다. 오랜 시간에 걸친 관찰과 실험이 있었을 것이고, 문자를 비롯한 다양한 정보전달 수단이 필요했을 것이다. 불분명한 의미와 부정확한 정보는 수많은 시행착오를 낳았을 것이고, 보다 정확한 사실을 얻기 위해 많은 시간과 노력이 소요됐을 것이다. 이렇게 길고 긴 과정을 거쳐 유용한 먹을거리, 즉 식량으로 이용할 수 있는 작물이 무엇인지 알게 됐을 것이고, 씨앗을 얻는 방법, 싹을 틔우고, 물 관리를 하고, 수확하고, 저장하고, 가공하는 방법이 얻어졌을 것이다.

이런 고통스럽고 지루한 과정은 혁명이 되기에 충분했다. 인간은 농업혁명을 통해 비로소 오랜 기아와 영양실조에서 벗어날 수 있었다. 식량을 조달하는 데서 오는 위험과 떠돌이 생활에서 벗어나 안정적인 삶과 활발한 종족번식이 가능했다. 수명은 연장되고, 인구수는 늘어나 공동체가 형성됐을 것이다. 소비하고 남은 여분의 식량을 사고파는 거래가 늘면서 시장이 만들어지고, 사유재산이 형성되기 시작했다. 농업은 무리를 이루고 사는 인간사회와 사유재산을 근거로 하는 시장경제체제의 근본이 되는 동시에 인류문명의 토대가 됐다.

농업은 인류의 물질문명뿐만 아니라 정신세계의 바탕이 됐다. 프랑스의 천재 소설가 베르베르는 최신작 '신'에서 농업은 인간에게 미래라고 하는 관념을 심어주고 사후의 삶을 상상하게 하여 인류의 정신을 변화시키고 종교를 탄생시켰다고 쓰고 있다.

농업은 인류가 가진 거의 모든 것의 역사이다. 현재도 그렇고 미래에도 그럴 것이다. **농업을 망치면 미래가 있을 수 없다. 농업정책은 200년 역사의 미숙한 경제학이 아니라 농업의 가치에 대한 깊은 이해와 철학을 바탕으로 해야 한다**.

용어해설

중농학파

프랑수아 케네(Francois Quesnay, 1694–1774)

케네F. Quesnay 1694-1774와 튀르고A. Turgot 1727-1781로 대표되는 중농학파는 진정한 부富의 증가는 토지에 노동을 결합하여 식량을 생산하는 농업에서 발생하며, 그 외의 다른 산업은 단지 형태를 바꾸는 것에 지나지 않는다는 생각을 가지고 있었다. 그들은 농업이야말로 한 국가가 생산하는 모든 부의 원천이며, 따라서 농업을 장려하고 지지하는 것이 국가를 더욱 풍요롭게 하는 최선의 길이며, 유일한 길이라고 인식하였다. 18세기 유럽에서 발흥한 중농주의자들은 스스로를 경제학자로 부른 최초의 집단이었다. 외과 의사이자 루이 15세의 주치의였던 케네의 경제표tableau economique는 오늘날 산업 간의 투입과 산출관계를 분석하는 산업연관표의 뿌리가 된다. 하버드의 경제학자 레온티에프W. Leontief 1906-1999는 산업연관분석을 개발한 업적을 인정받아 1973년 노벨경제학상을 받았다.

근대경제학의 시조로 일컬어지는 애덤 스미스Adam Smith 1723-1790가 아직 경제학에 입문하기 전 스코틀랜드에 있는 글래스고Glasgow 대학의 윤리학 교수직을 사임하고 젊은 귀족의 가정교사가 되어 유럽대륙을 방문하였다. 이때 스미스는 케네와 튀르고 등과 교유하면서 중농주의자의 사상을 접하고 이를 농업시스템으로 명명하였다. 이후 스미스는 경제학사에서 가장 위대한 저서의 하나인 국부론An Inquiry into the Nature and Causes of the Wealth of Nations, 1776을 집필하기 시작하였다.

농업은 우리가 생각하는 것, 그 이상이다.

“무언가를 심으면 거두게 됩니다. 그러니까 심는다는 것은 미래를 기약하는 일이죠.”

“농업은 미래라는 관념을 낳습니다. 그럼으로써 모든 것이 달라지죠. 시간을 다스리는 것은 자연을 다스리는 것만큼이나 또는 그보다 더 중요하게 되죠. 인간은 미래를 생각하며 현재를 사는 유일한 동물입니다. 자식의 출생이나 자기 자신의 노화를 미리 내다보는 동물은 인간밖에 없죠. 인간은 농사를 짓게 됨으로써 미래를 내다보며 살게 되고, 나아가서는 사후의 삶을 상상하기 시작합니다. 농업과 더불어 종교가 탄생하는 셈이죠.”

“인간은 씨앗을 심게 되면서 자신을 식물에 비유하기 시작합니다. 자기도 식물처럼 자라고 꽃을 피우고 열매를 맺은 뒤에 다시 흙으로 돌아가는 존재라고 생각하죠. 식물이 죽으면서 씨앗을 남기듯이 자기도 후손을 남긴다고 생각합니다. 뿐만 아니라 인간은 잎을 모두 잃고 죽은 것처럼 보이던 나무들이 다시 살아나는 것을 보면서, 환생을 꿈꾸게 됩니다. 겨울이 지나면 봄이 오듯이, 죽은 뒤에 또 다른 삶이 있지 않을까 상상하는 것이죠. (중략) 이렇듯 농업은 인간의 성신을 변화시킵니다.”

베르나르 베르베르, 『신』 2권 중에서

아, 한국농업

2001.12.03 이슈투데이

한반도에서 농업은 1만년의 역사를 가지고 있다. 농업은 수천 년 동안 한 민족을 만주와 한반도의 주인으로 활개 치게 하였고, 유구한 역사 동안 이 땅에 찬란한 문화가 꽃필 수 있게 하였다. 그런 우리 농업이 이 땅에서 시작된 이래 존립을 위협받는 가장 어려운 상황에 처해 있다. 1993년 **UR 협상***의 타결로 만신창이가 된 한국 농업은 쌀 과잉생산기조와 중국의 WTO 가입, 그리고 WTO 뉴라운드 출범이라는 각각 핵 폭탄급 문제가 동시에 발생하여 벼랑 끝으로 내몰렸다.

한국 농업의 근간인 쌀 산업은 지속적으로 감소하는 소비와 농정의 실패에 기인한 과잉 생산으로 빈사상태에 빠졌고, 엄청나게 싼 농산물로 국내시장을 잠식해 온 중국은 WTO에 가입함에 따라 날개를 달았다. 여기에 관세와 보조금의 상당 폭 감축을 목표로 설정한 뉴라운드는 한국 농업이 숨 고를 틈도 주지 않고 사지로 몰아 놓을 것이다. 그러나 그 무엇보다도 한국 농업이 감당하기 어려운 상대는 식량문제를 시장논리로 간단히 해결할 수 있다고 믿는 경제 관료와, 무역자유화만이 살길인데 농업이 발목 잡는다고 소리 높이는 경제학자들일 것이다. 한국경제정책의 방향을 결정하는 실질적 주체인 이들은 휴대폰과 자동차와 철강 수출에 농업이 걸림돌이 되며, 농업에 대한 보호가 오히려 농민들이 다른 분야에서 더 잘 살 수 있는 기회를 막는다는 주장을 전파하고 있다.

무역자유화와 수출증대를 위해 농업의 희생을 감수할 수밖에 없다는 일부 경제학자들은 자유무역의 대표 격인 미국이 왜 자국의 농업을 보호하기 위해 그렇게 많은 예산과 노력을 쏟아 부으며, 일부 농산물에 대해 130%가 넘는 양허관세를 유지할 뿐만 아니라, WTO의 농산물 관련 분쟁에서 EU 다음으로 많은 제소를 당한 이유를 설명할 수 있을까? 또한 농산물 수출국 모임인 **케언즈 그룹***의 대표 격인 호주와 캐나다가 왜 국내 농산물의 생산과 유통, 무역을 독점적으로 관리하는 마케팅보드를 유지하는지에 대해 어떻게 설명할지 궁금하지 않을 수 없다. 홍콩이나 싱가포르 같이 농업을 하고 싶어도 할 수도 없으며, 국제시장에 전혀 충격을 줄 수 없는 소규모 경제체제를 예로 들면서, 농업 없이도 식량문제를 거뜬히 해결할 수 있다고 주장하는 이들이 '국경 없는 세계화'를 순진하게 믿고 농업을 시장에 내맡기는 선진국이 단 한 곳도 없다는 사실을 어떻게 설명할 수 있을까?

농업에는 특별한 것이 있기 때문이다. 시장에서 평가된 이상의 중요한 가치를 농업이 창출한다는 믿음 때문이다. 세계에서 가장 경쟁력이 높은 농업을 가진 미국이 농업에 엄청난 예산을 할애하는 이유는 미국 농업의 가치에 대한 이해에서 출발한다. 현재 미국이 지불하고 있는 다양한 형태의 농업예산을 철폐한다면 많은 수의 미국 농가들은 소수의 기업농을 제외하고 대부분 파산할 것이며 이는 농촌의 공동화를 의미한다. 미국의 농촌이 미국적 가치와 문화의 출발점이고, 지역의 균형적 발전과 환경생태계에 대한 긍정적인 역할을 고려할 때 농업과 농촌이 없는 미국을 상상할 수 없다는 생각 때문이다. 농업에 관한 이러한 견해는 EU와 일본을 비롯한 많은 선진국들이 공통적으로 지니고 있다. 농산물의 무역자유화를 요구하는 많은 케언즈 그룹들이 자국의 농업경쟁력이 약화되었을 때도 같은 주장을 할지는 매우 의심스럽다. 도대체 한국 농업은 왜 그 가치를 인정받지 못하는 것일까?

농업은 생명산업이다. 농업은 다양하고 안전한 먹을거리를 제공할 뿐만 아니라, 건강하고 풍요로운 생태계, 박제되지 않고 살아 숨 쉬는 전통문화, 그리고 균형 잡힌 지역개발과 조화로운 국민생활의 기초가 된다. 돈이 더 필요하다고, 먹고살기 어렵다고 생명을, 문화를, 지역과 계층 간의 화합을 돈과

바꿀 수는 없지 않은가? 1만 년 역사를 가진 우리가 200년 역사의 미국보다 농업사랑이 덜 할 수는 없지 않는가? 벼랑 끝에 몰린 한국 농업을 지키는 유일한 길은 이제 국민들의 손에 달려 있다. 한국 농업에는 특별한 것이 있다는 믿음에서 출발해야 한다.

용어해설

UR(우루과이 라운드)

2차 세계대전이 마무리 되어가던 1944년 미국을 비롯한 연합국들이 전후의 세계 질서를 재편하기 위해 미국의 브레튼우즈(Bretton Woods)에서 회담을 가졌고, 그 결과 소위 브레튼우즈 체제가 만들어졌다. 여기에는 우리에게 저승사자와도 같은 IMF(International Monetary Fund)와 세계은행(World Bank)라고 불리는 IBRD(International Bank of Reconstruction and Development), 그리고 국제무역기구인 ITO(International Trade Organization)이 포함되어 있었다. 그러나 IMF와 IBRD는 계획대로 만들어졌으나 ITO는 미국의회의 반대로 무산되고, 보다 느슨한 형태의 무역협정인 GATT(General Agreement on Tariffs and Trade)가 대신하였다. '관세와 무역에 관한 일반협정'으로 해석되는 GATT는 무역장벽을 없애고 수입시장을 개방하는 목적으로 설립되었다.

UR은 1986년 남미의 우루과이에서 열린 GATT의 8번째 다자간 협상(라운드)을 의미한다. 당초 3년 예정으로 시작되었던 이 협상은 미국과 EU가 농업부문 수출보조금 감축방안을 놓고 극한 대립을 하면서 7년 만에 타결되었다.

UR에서 역사상 처음으로 농산물의 무역을 자유화하는 시도가 이루어졌다. 1980년대 EU의 보조금에 힘입은 유럽산 농산물이 미국의 수출시장을 잠식하면서 양측 간 보조금 전쟁이 벌어졌고, 그 부담을 견디다 못한 미국의 제안으로 UR이 시작되었다. 1993년 12월 7년간의 마라톤 협상 끝에 UR이 타결되고, 그 결과 GATT의 완성형인 WTO(World Trade Organization)이 1995년 1월에 발족하였다. 미국의 반대로 사장되었던 ITO가 미국의 필요에 의해 WTO로 부활하여 농산물 수입국들의 식량주권을 위협하는 도구가 되고 있다.

케언즈 그룹(Cairns Group)

UR 협상에서 농산물 무역자유화를 가장 강력하게 주장하는 수출국 그룹이다. 1986년 호주의 케언즈에서 결성된 이후 케언즈 그룹으로 불린다. 회원국은 호주, 뉴질랜드, 캐나다, 브라질, 아르헨티나, 우루과이, 칠레, 콜롬비아, 필리핀, 말레이시아, 태국, 인도네시아, 헝가리, 피지 등 14개국이다. 이들 국가는 농산물수출에 정부 보조가 거의 없어 UR 협상에서 가장 완전한 형태의 농산물 무역자유화 입장을 견지하고 있다.

농어업선진화, 왜 문제인가?

2009.06.12 농민신문

우리 농어업의 경쟁력을 높이고 선진화시키는 훌륭한 목적으로 설립된 농어업선진화위원회가 출범 2개월 만에 역풍을 맞아 흔들리고 있다. 쌀 조기 관세화를 위한 공청회는 농업인단체의 반대로 무산되고, 보조금 개편작업도 제동이 걸렸다. 위원회의 성격과 권한, 유사한 다른 위원회와의 역할분담 등 형식적인 문제도 있겠으나, 선진화위원회에서 다루는 내용들이 농업의 근간을 흔들 수 있는 메가톤급 사안들로 구성돼 있음에도 불구하고, 그 논의 속도가 너무 빠르고, 사전에 정해진 방향으로 몰아간다는 불만이 증폭된 것이다. 학계나 전문가들 사이에는 농식품부의 최근 농정개혁 방향이 매우 편향적이고 무원칙하다는 우려가 높다. 한국농업정책학회는 최근 정책세미나를 통해 현 정부의 농정에 대한 신랄한 비판을 쏟아냈다.

농어촌선진화를 추진하는 정부의 핵심 방향은 경쟁력 강화를 위한 기업농화와 산업자본의 유입으로 특징지을 수 있다. 그러나 벤처농업과 기업농을 농정의 주 대상으로 도시자본과 산업자본을 끌어들여 농업을 선진화한다는 생각은 그것이 설사 농업의 경쟁력을 높일 수 있다 하더라도 농업과 농촌의 기반을 위협하는 대단히 위험한 발상이다. 세계무역기구WTO가 쌀의 관세화 유예와 **그린박스***로 분류된 농업보조금을 허용한 것은 농업이 생산하는 다원적 기능 때문이다. 이는 역으로 농업이 다원적 기능을 생산하지 못한다면 국가적 보호와 특별한 대우를 받을 근거를 잃게 되는 것을 의미한다. 농업의 다원적 기능은 농업 내에 다양한 규모와 성격의 농가가 존재할 때 가능하다. 수익을 추구하는 기업농이나 산업자본이 지배하는 대규모 농어업회사에 보조를 주어 육성하는 농업정책은 농업의 본질적 가치에 반하는 것이다.

역사적으로 자본주의는 농업과 서로 상생하지 못했다. 대규모 농장은 물론이고 전통적인 소농 경영체도 생산물을 시장에 내다 팔아 생활에 필요한 물품을 조달해야 하는 화폐경제에 편입되면서 무한경쟁체제에 돌입했다. 생산성이 낮은 소규모 가족농들은 농업자본가에게 땅을 팔고 농업노동자로 전락했다. 농업임금은 생계비를 충당하지 못했고, 굶주림과 가난의 대물림이 시작됐다. 농업은 효율성을 근거로 재편됐고 경영수익이 최고의 가치가 됐다. 시장경제는 농장의 규모화를 촉진하고, 대규모 농장과 자기 땅에서 쫓겨난 농업인들이 차례로 열대우림을 황폐화시키면서 지구온난화를 가속시켰다. 생산비를 낮추고 경쟁력을 높이기 위해 도입된 **공장식 축산***은 광우병이라는 전대미문의 질병을 가져왔다.

농업의 기억 속에 자본은 결코 아름다운 모습이지 못하다. 과거 산업자본과 금융자본, 그리고 오늘날의 유통자본도 모두 농업의 바탕 위에서 성장했으나 농업의 발전에 기여하지 못했다. 오히려 농업의 끝없는 희생을 요구하고 있다. 이것이 농업이 비농업자본의 유입을 경계하는 근본적인 이유이다.

농업의 다원적 기능은 국가가 농업을 보호하는 근거가 된다. 농촌을 유지하고 농가소득을 보장하는 것은 이런 농업의 역할을 보호하는 것이다. 농업의 다원적 기능은 수익성과 효율성을 추구하는 기업농과 양립하기 어렵다. 대규모 농업회사에 투자한 도시자본이 다원적 기능을 중시하기를 기대하기는 어려울 것이다. 우리의 농정은 산업정책으로서의 농업정책보다 농촌정책이 우신돼야 한다. 농업정책은 스스로 잘할 수 있는 선도 기업농이 아니라 무한경쟁에 노출된 취약한 가족농을 주 대상으로 해야 한다. 그들이 우리 농업과 지역사회와 대한민국의 바탕이기 때문이다.

용어해설

그린박스

무역왜곡 효과가 없거나 미미하여 WTO에서 허용하는 국내보조들을 총칭하는 말로서 허용보조라고도 한다. 농산물 수입국들은 현재의 허용보조만으로는 농업의 비교역적 기능(Non-Trade Concerns: NTCs)을 유지시키기 어렵기 때문에 이 기준을 완화해야 한다고 주장하고 있다. 그러나 최근 진행 중인 DDA 협상에서 미국이나 캐나다 등 농산물 수출국들은 보다 엄격한 그린박스의 적용을 요구하고 있다.

공장식 축산

최근 들어 광우병, 구제역, 조류 독감 등 가축에게 발생하는 질병의 확산이 세계적으로 큰 파문을 일으키고 있다. 이로 인한 대규모의 가축 폐사는 축산농가의 자산에 막대한 피해를 입히기도 하지만 무엇보다도 이러한 가축 질병이 인간의 생명과 건강에도 직간접적인 영향을 미칠 수 있다는 점에서 더 큰 문제가 되고 있다.

이런 심각한 질병의 원인은 근본적으로 동물의 본능과 생물학적 요구를 도외시한 사육환경에서 찾을 수 있다. 현대의 축산업은 이른바 '공장식 축산'으로 정의된다. 이는 말 그대로 공장에서 물건을 찍어내듯 고기를 만들기 위해 대형화, 기업화된 축산시스템을 의미한다. 공장식 축산은 최소의 비용으로 최대의 효과를 얻는 효율성 원리를 추구하여 동일한 조건 하에서 최대한 많은 양의 고기를 생산하기 위한 밀집사육 환경을 도입하였다.

움직일 수 있는 공간도 그다지 넉넉하지 않은 좁은 축사, 먹고 자고 배설하는 것 외에 할 수 있는 일이 없는 단조로운 일상. 인간과 마찬가지로 나름대로의 사회를 형성하며 살아가는 것이 자연스러운 동물들에게 이것은 극심한 스트레스를 유발하며 이들을 병들게 한다. 밀집사육 환경은 질병의 발생 가능성을 높이고 그 확산 속도도 빠르기 때문에 사육되는 가축들은 다량의 약물에 의존할 수밖에 없다. 이는 결국 소비자의 건강을 위협하는 부메랑이 되어 돌아온다.

최근 정치적 문제로까지 비화된 광우병은 육골분이나 내장 등 소 부산물을 다시 사료로 사용하는 생산방식이 원인이다. 이 모두가 최대한 생산비를 낮춰야 하는 무한 경쟁에서 비롯되었다.

(출처 : 동물자유연대(animal welfare) 블로그에서 인용하여 편집)

농업정책학회 토론회 “농업에 신자유주의 정책 과도한 적용 위험” 경고

지난달 29일 고려대학교 생명과학관에서 열린 한국농업정책학회 2009년 제1차 정책토론회에서 정영일 서울대학교 명예교수는 ‘이명박 정부의 농정 방향과 과제’라는 제목의 기조강연을 통해 이같이 주장했다. 정영일 명예교수는 “이명박 정부는 농정 고유영역의 과제들은 중요성이나 시급성의 관점에서 우선순위가 높지 않은데 비해 새만금지역의 동북아경제도시 개발, 토지이용규제 완화, FTA체결다변화 추진 등은 높은 순위를 부여해 자칫 농어업 · 농어촌부문이 경제 살리기를 위한 희생양으로 전락될 수 있다”고 지적했다.

또한 정영일 명예교수는 “정책형성과정이 투명하지 못해 지난번 정부가 주최하는 행사가 무산되고 있는 것”이라며 “당면한 상황의 국면전환을 위한 미봉책에 그치지 말고 투명한 절차와 광범위한 참여를 통한 항구적이며 근본적인 처방을 도출해야 한다.”고 역설했다.

특히 정영일 명예교수는 “농림수산식품부로 확대 개편됐지만 여러 측면에 대해 통합적으로 접근하는 정책적 안목이 제대로 갖추어졌다고 보기가 어렵다”며 “규제완화와 민영화를 중심으로 한 신자유주의 경제정책을 농정분야에 과도하게 적용하는 것은 또 다른 시행착오를 빚을 우려가 크다”고 밝혔다.

따라서 정영일 명예교수는 “새로운 정책의 전면 도입을 추진하기 보다는 기존 정책의 평가와 개선방안에 대한 충분한 논의를 거처 문제점을 보완하고 기존 정책과의 연계를 살려나가며 농림수산식품부 조직도 기능위주로 전환하고 꼭 필요한 조직은 참모기능으로 개편해야 한다.”고 주장했다.

2009년 6월 1일자(제2149호) 한국농어민신문

한국영화와 한국농업

2002.05.27 식품신문

얼마 전 세계 최고의 권위를 인정받는 칸영화제에서 임권택 감독의 「취화선」이 감독상을 수상하였다. 이는 한국 영화의 위상을 세계에 드높이는 계기가 되었을 뿐만 아니라, 세계무대에서 한국 영화가 자신감을 갖게 하는 중요한 사건으로 기록될 것이다.

불과 수년 전만 하더라도 한국 농업과 동병상련을 앓고 있었던 한국 영화가 최근 뜨고 있다. 잘 익은 배추와 수박 등을 길거리에 쌓아두고 수입개방 반대를 외치던 주름진 얼굴과 투박한 손의 농민들과는 대조적으로 잘 생긴 한국의 대표적 영화배우들이 스크린쿼터 유지를 외치며 가두시위를 하던 모습은 생경하기까지 하였다. 그러나 오늘날 엄청난 자본을 투자한 외국의 영화들이 한국 영화에 밀려 조기 퇴장하는가 하면, 관객동원 수에서 한국 영화들에게 선두자리를 내주고 있다. 한국 영화가 외국의 유명 영화제에서 실력을 인정받아 다양한 부문에서 수상을 하고 해외에 수출되고 있다. 무엇보다도 국내 관객들이 한국 영화가 재미있다고 한다. 최근 국산영화의 시장점유율이 40%를 상회하고 있다.

한국 농업은 여러 가지 면에서 한국 영화와 다른 점이 있지만 한국 영화의 성공을 벤치마킹 할 필요가 있다. 농업과 영화산업은 국내외적으로 치열한 경쟁에 직면하고 있으며, 생산여건이 열악하고 규모가 영세하다는 유사점이 있다. 그러나 농업이 자연의 영향을 많이 받는 1차 산업인데 반해, 영화산업은 문화, 콘텐츠산업으로 대별될 수 있으며, 농업에 비해 개별 생산품이 스스로 차별화 되는 독점적 경쟁상태에 있다. 따라서 영화산업은 완전경쟁 시장에 속하여 장기적으로 이윤이 0인 농업에 비해 아이디어와 창의성을 바탕으로 얼마든지 독점적 이윤을 창출할 수 있다는 장점이 있다.

한국 영화에서 보는 바와 같이 소비자의 인정을 받는 차별화 되고 고품질의 상품을 생산하는 것이 한국 농업이 살길이다. 한국 영화가 할리우드 수준의 투자규모를 지닌 대작을 만들기는 매우 어려울 것이다. 그러나 한국 관객의 정서를 바탕으로 이들의 공감을 얻는 작품을 만드는 것은 상대적으로 유리할 수밖에 없다. 마찬가지로 **규모화를 통해 한국 농업의 경쟁력을 국제수준으로 제고시키는 것은 한계가 있다. 그러나 국내 소비자들의 필요와 수요를 이해하고 이들의 믿음과 마음을 사로잡는 것은 가능하며, 여기에 사활을 걸어야 할 것이다.**

또한 농업을 보는 시각과 농업 정책에서 한국 영화가 타산지석이 될 수 있다. 한국 영화는 장기적인 국제경쟁력 제고를 위해 국내 산업을 보호하는 수입제한정책의 대표적인 성공사례로 부상하고 있다. **이러한 정책의 중심에는 소위 스크린쿼터라는 한국영화의 최저 상영일수를 의무적으로 유지하는 초강력 수입제한 정책이 있다**. 국내 상품의 시장점유율을 최저한으로 유지하는 수입정책은 모든 수입시장이 관세화를 통해 개방되어야 한다는 WTO 원칙에 배치되는 것으로 한국 농업에서도 유일하게 쌀에만 적용되는 정책이다. 최근 미국은 한미투자협정의 중요한 내용 중 하나로 스크린쿼터의 축소를 강력하게 요구하고 있으며, 재정경제부도 이를 추진하고 있어 영화인들의 반발을 사고 있다.

영화인들은 스크린쿼터제가 할리우드 영화의 독점에 대응하여 한국문화의 정체성과 다양성을 보호하기 위한 장치인 만큼 시장점유율이나 경제적 논리로 문화정책을 펼 수 없다는 입장을 밝히고 있다. 자국 문화의 보호를 위한 스크린쿼터제는 프랑스 의회에서도 지대한 관심을 끌고 있다. 프랑스 의회는 한 국가에서 특정 국가의 영상물이 40~50% 이상 점유하는 것을 금지하는 세계문화협약과 세계문화기구의 창설을 제안하며, 이를 위한 구체적 실행방안으로 한국의 스크린쿼터를 들고 있다.

국산영화의 상영일수를 의무적으로 유지하는 초강력 수단을 동원하여 영화를 지키려는 노력은 영화가 시장에서 단순히 사고파는 상품이 아닌 문화이며, 문화는 경제적 효율성의 관점에서 판단할 수 없는 우리의 정신과 정체성이라는 인식에 기인한다. 이러한 인식과 노력은 안전한 식량의 안정적 공급이라는 원천적 기능 외에 자연생태계를 보호하고, 농촌과 전통문화를 유지하며, 건전한 지역사회와 국가균형발전을 가능하게 하는 등 다원적 기능을 제공하는 농업에도 적용될 수 있다. 여기에는 농업이 생산하는 것이 단순한 먹을거리만이 아닌 문화와 전통, 자연생태, 사회적 조화 등 다양한 가치라는 인식이 필요하다. 취화선이 그려내는 것이 단지 조선시대 천재 화가의 일생만이 아니듯이.

ⓒ 스크린쿼터 문화연대(http://www.screenquota.com)

할리우드(Hollywood)를 아십니까?

할리우드는 서울의 충무로에 해당하는 미국 영화의 중심지이다. 그러나 미국 정부는 할리우드를 단지 영화판으로만 보지 않는다. 미국적 가치를 수출할 필요가 있을 때 언제나 할리우드 영화가 동원된다. 할리우드는 1, 2차 세계대전을 거쳐 한국전쟁, 베트남전쟁, 중동전쟁에 이르는 수많은 전쟁영화나 만화영화를 통해 미국은 항상 옳고, 언제나 의지할 수 있는 든든한 큰 형임을 주입시킨다. 할리우드는 단지 영화산업으로서 뿐만 아니라, 미국의 문화를 수출하기 위해, 미국의 국가브랜드를 높이기 위해, 또는 국제정치적인 필요에 의해 미국정부의 아낌없는 지원을 받는다. 미국 영화의 수출에 장애가 되는 각종 제도적 장치들은 단지 수출 장벽인 것이 아니라 미국의 국익에 반하는 행위로 인식될 수도 있다.

천만 관객을 동원하는 할리우드 영화에 열광하기 전에 그 영화가 우리의 의식과 사고방식에 미치는 영향과 숨겨진 의도가 무엇일지 한번쯤은 생각해보자.

스크린쿼터와 미국 영화 점유율

스크린쿼터는 2006년 7월 1일부터 연 146일에서 73일로 축소되었다. 외국영화의 점유율은 2007년부터 반등하기 시작했다.

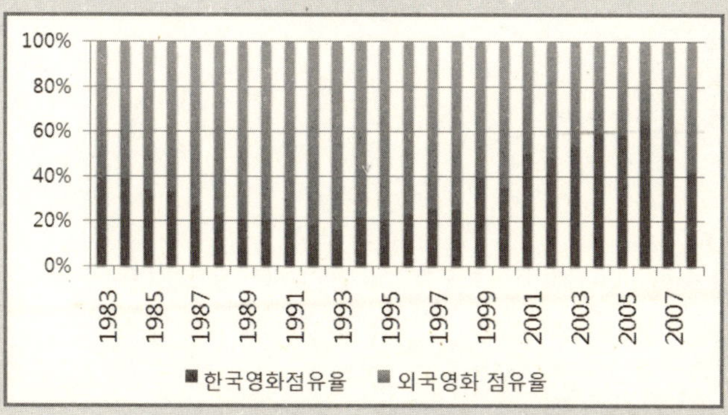

'욘사마' 배용준 농부의 꿈을 피력하다.

배용준은 22일 서울 용산 국립중앙박물관에서 직접 집필하고 사진까지 찍어 만든 에세이집 '한국의 아름다움을 찾아 떠난 여행' 출간기념회를 열었다. 그는 옻칠 공예, 도자기 굽기, 김치 담그기 등 각 분야의 전문가들에게 전통 문화를 직접 배우며 체험한 과정과 느낌 등을 책에 담았다.

다양한 경험 중 가장 마음에 들고 평생 취미로 삼고 싶은 게 있냐는 질문에 대해 배용준은 "농부가 되고 싶다. 땅을 밟고 흙을 만지고 싶고, 뭔가를 심어 열매를 맺게 하고 싶다. 음식을 나눠 먹는 게 굉장히 행복한 일"이라며 "언제가 될지 모르겠지만 직업란에 농부라는 걸 덧붙이고 싶다"고 밝혔다. (후략)

조선닷컴(www.chosun.com)

2009.09.22

배용준이 농부가 되면 우리 농업이 달라질까?. 농업을 바라보는 일반인의 시각이 달라질까? 「배용준 농사지을 땅 마련 대책본부」라도 세워야겠다.

시장 지배적 농업정책의 허와 실

2002.02.09 식품신문

최근 경제정책을 주도하는 정부 관료와 일부 경제학계 사이에서 농정 운영의 새로운 패러다임이 제안되고 있다. 기존의 농정이 주로 정치적 판단에 의해 결정되고, 설계주의, 물량주의적 운영으로 인하여 비효율적이고 낭비적인 요소가 지대하였다는 비판을 바탕으로 한국 농업정책은 변화하는 세계농정과 시장 지배적인 패러다임과의 조화를 이루어야 하며, 정부는 친환경농업체계의 구축 등에 머물러 농업에의 개입을 최소화해야 한다는 것이다.

물론 많은 농업정책이 그 효과나 효율성 면에서 문제가 있으며, 이를 해결하기 위해 시장경제적인 요소를 보다 많이 도입해야 한다는 데에는 이의가 없다. 그러나 한국 농업이 시장이 지배하는 산업으로 전환되어야 하고, 동시에 환경과 같은 공공재적 생산의 경우에만 직접지불제를 통한 친환경농업체계를 구축해야 한다는 이분법적인 패러다임에는 상당한 논리의 정화가 필요하다. 자유무역지대라는 세계적인 추세에 합류하지 않는 유일한 나라가 한국이며, 여기에는 농업이 가장 커다란 걸림돌이기 때문에, 국가경제의 지속적인 발전을 위해 농업의 희생이 불가피하다는 주장도 쉽게 수용하기 어렵다.

한국 농정에 WTO를 비롯한 세계 농정과의 조화보다 중요한 것은, 한국 농업과 전체 경제에 유리한 농업정책이 무엇인가를 설정하고, 그 정책이 세계 농정과 조화를 이루지 못한다면, 어떻게 그 농정의 강약과 완급을 조절할 것인가를 모색하는 것이 올바른 방향일 것이다. 그 모습은 세계 여러 나라들의 일반적인 농정 형태와 같을 수도, 다를 수도 있다. 그러나 무엇보다 중요한 것은 우리의 현실과 경제 구조에 맞는 농정시스템을 설정하는 것이다. 이것이 미국과 EU를 비롯한 세계의 주요 농업수출국들이 취하고 있는 농업정책의 참모습이다.

경제정책을 주도하는 측의 보다 심각한 문제는 시장지배적 패러다임에 대한 절대적인 편애이다. 물론 시장의 기능은 매우 강력하고, 효율적인 자원 배분을 가능하게 한다. 그러나 모든 정책이 효율성을 추구해야 하며, 효율성이 농업정책의 최우선적인 목표가 되어야 하는 데는 동의하기 어렵다. 경제사적으로 볼 때 시장 지배적인 패러다임은 자본의 힘을 더욱 강화시켜 계층간의 갈등을 증폭시키고, 필연적으로 형평성의 가치와 상충한다. 우리는 김포매립지 전용, 동강댐 건설, 농촌학교의 통폐합 등 효율성을 추구하는 많은 정책들이 국민들의 지지를 얻지 못하고 실패한 경우를 많이 보고 있다. 효율성이 중요한 것은 사실이지만, 그것만이 정책의 판단기준이 될 수는 없다.

시장 지배적 패러다임이 효율성을 증가시킬 수 있지만, 그것은 시장이 완전하게 작동할 때 가능하다. 그러나 시장의 실패는 비단 외부경제의 경우에서만 볼 수 있는 것은 아니다. 제도가 불완전할 때, 제도가 악용되거나 남용될 때, 예기치 않은 외부의 충격이 있을 때, 정치적 판단이나 변덕스러운 의사결정이 이루어질 때, 우리는 시장이 바람직하지 못한 결과를 나타내는 것을 많이 보고 있다. 세계경제가 과연 우리의 식량문제를 책임질 수 있을 만큼 완전한 시장을 제공하고 있는지도 고려되어야 한다. 또한 시장 지배적 패러다임은 친환경농업을 위한 패러다임과 양립하기 어렵다. 농업이 환경보전을 비롯한 많은 다원적 기능을 생산한다면, 시장가치를 기준으로 하는 효율성의 잣대로는 근본적으로 친환경농업을 위한 정책을 평가하기 어렵기 때문이다.

물론 농업투융자사업이나 구조개선사업 등에 보다 시장논리에 맞는 정책집행이 이루어져야 한다. 그러나 모든 농업정책에 시장 지배적 패러다임을 도입해야 하다는 주장은 주객이 전도된 것이다. 한국 농정의 문제는 새로운 패러다임의 부재가 아니라 원칙과 상식에 맞지 않는 정책의 집행과 감독 및 지도의 부재에 있을 것이다. **한국 농정에 필요한 패러다임은 시장논리와 형평성, 지속성과 균형적 발전 등의 가치를 적절히 조화시키는 것이다. 결국 농업정책의 목표는 통계적 성과가 아니라 대다수 사회구성원들이 조화롭게 잘살 수 있게 하는 것이기 때문이다.**

농업은 자살세포가 아니다.

다세포 생물에게 세포란 전체의 구성원이자 주체적 존재이다. 세포는 개체가 살아가는 동안 끊임없이 죽는다. 즉 개체의 안정된 삶을 위해 스스로 죽음을 선택한다. 이를 세포자살 또는 세포사멸apoptosis이라고 한다. 태아의 손은 배속에서 어류의 물갈퀴처럼 생겼다가 차차 세포사멸을 통해 다섯 손가락으로 모양을 갖춘다. 이는 세포 속에 내장된 유전정보에 따라 매우 치밀하게 계획된 죽음이다. 세포사멸은 생물체의 적절한 발육과 성장을 위한 개체의 희생이다.

그러나 농업은 자살세포가 아니라 국가를 지탱하는 기초산업이다. 농업의 사멸은 사회라고 하는 생물체의 존립을 불가능하게 한다. 농업의 희생을 바탕으로 경제성장을 추구하는 정책은 뼈대를 팔아 살을 찌우려는 것과 다름이 없다.

농촌아! 웃어라

브랜드 이야기(3)
- 이젠 농업의 품격을 높이자

2010.01.13 농민신문

이제 웬만한 농업경영체는 물론이고 거의 대부분의 농업인들도 브랜드 마케팅의 중요성을 인식하고 성공적인 마케팅을 위해 다각적인 노력을 하고 있다. 브랜드 마케팅은 궁극적으로 잠재적 고객에게 내 상품의 존재와 차별성, 그리고 우수함을 알리고, 기존의 고객들이 다른 브랜드에 눈길을 주지 않도록 끊임없이 설득하는 작업이다. 이러한 과정은 요란한 광고나 현란한 수사만으로는 이루어지지 않는다. 무엇보다도 상품의 품질이 우수해야 하고, 그 상품을 소비하는 것이 단순한 경제적 가치를 넘는 특별한 만족감을 주어야 한다. 즉, 상품이 포함한 문화적 콘텐츠를 파는 것이 브랜드 마케팅의 핵심이다.

경쟁 상품에 비해 높은 가격에 팔리면서도 변함없이 소비자의 선택을 받는 것, 이것이 브랜드의 힘이며, 이는 그 브랜드가 주는 만족감에 대한 보상이다. 브랜드가 주는 만족감은 비싼 상품을 소비한다는 우월감도 있겠지만, 본질적으로는 우수한 상품을 소비하는 데서 오는 안도감과 그 상품이 갖는 도덕적, 윤리적 속성에 대한 공유에서 온다. 탄소라벨링을 부착한 '햇반'은 소비자에게 상품의 소비를 통해 저탄소 녹색성장에 기여한다는 자부심을 주며, 공정무역 커피는 열악한 환경의 개도국 노동자에게 정당한 보상을 주고 자립 기반을 제공한다는 도덕적 뿌듯함을 준다.

이명박 정부는 2009년 1월 대통령 직속의 '국가브랜드위원회'를 출범시켰다. 이 위원회의 역할은 대한민국의 위상과 국가적 품격을 높여 한국기업과 제품의 국제경쟁력을 높이고, 지구촌에서 한국인이 존경과 사랑을 받게 하는 것이다. 국가브랜드 역시 현란한 홍보나 거창한 구호를 통해 높아지지 않는다. 자국 문화와 역사에 대한 자부심, 다양한 문화와 민족과의 조화, 국제사회의 평화적 기여 등 실질적 콘텐츠가 우선되어야 한다.

경인년 새해가 밝았다. 우리 농업도 새로운 희망과 비전으로 충만한 한 해가 되기를 바라는 마음이 가득하다. 그러나 이러한 기대만으로 우리 농업이 희망찬 농업으로 되살아나지 않는다. 농업은 생명산업이고 녹색산업이며, 농업 없이는 선진국이 될 수 없다는 구호만으로는 소비자와 국민의 마음을 잡을 수 없다. 농업과 농촌, 농민의 전체적인 품격을 높여야 한다. 이를 위해 무엇보다 농업인 스스로 자신의 직업과 역할에 대한 자긍심을 높여야 한다. 농사는 어쩔 수 없이 하는 것이며, 자식에게는 절대 농사를 물려주지 않겠다는 푸념은 도시민들이 농업을 경시하게 하는 첫 단계이다.

단순히 먹고 살기 위해 농사짓는 것을 넘어 동식물의 생명을 소중하게 다루고 환경을 보호하고 자원을 아껴 쓰는 농법을 통해 정직하고 깨끗한 먹을거리를 생산함으로써 농업인으로서의 자존감을 높이고 소비자의 존경을 받는 일부터 시작해야 한다. 친환경농업을 통해 도시민의 건강을 지키고, 농촌과 도시의 연계를 통해 인간성을 회복하고 궁극적으로 온 국민의 먹을거리 인권을 지키는 농업이 되어야 한다. 이와 함께 도시농업의 확산을 통해 도시민들에게 농업의 중요성을 알리고 농업인의 저변과 다양성을 확대하는 것도 중요하다. 텃밭이나 건물옥상, 아파트 베란다에서 직접 농사짓는 도시농민들은 친환경농업의 지지자이며, 농업의 든든한 우군이며, 농업의 품격을 높이는 디딤돌이 된다.

경인년은 우리 농업과 농촌과 농민 의식의 리모델링을 통해 농격을 높이는 원년으로 만들자. 온 국민이 농업을 소중하게 여기고, 농촌에 가고 싶어하며, 농업인을 존경하는 그런 날이 오기를 소망한다.

자존감

"인생에서 사시면서 가장 남는 것은 무엇입니까?"

"모든 걸 버려도 나를 버릴 수는 없다는 그 자신에 대한 자존감, 물질은 포기해도 나는 포기할 수 없다는 마음일세."

2004.9.17 서울대 강연장에서

수필가 피천득

제2장
쌀을 지켜라

쌀을 어떻게 할 것인가

2009.10.26 농민신문

지난해에 이어 또다시 풍년을 맞은 쌀이 천덕꾸러기가 되고 있다. 가격은 브레이크 없이 떨어지고, 대형 마트와 홈쇼핑에서는 미끼상품으로 이용하고 있다. 농업인들은 수확을 앞둔 논을 트랙터로 갈아엎으며 대북지원 재개를 요구하고 있다. 국정감사에서 국회는 농림수산식품부에 대책을 마련하라고 호통을 치며, 농식품부는 농협의 팔을 비틀어 긴급수매를 압박하고 있다. 대통령은 소비 진작을 통한 대책을 지시하며 쌀국수를 대안의 하나로 제시하고 있다.

그러나 이런 방법으로 반복되는 쌀 문제가 해결될까. 대북지원이나 긴급수매는 일시적인 미봉책에 지나지 않으며, 소비 확대는 단기간에 발생하는 수급 불균형을 해결하지 못한다.

필자는 지난해 ≪농민신문≫에 '풍년기근을 어떻게 할 것인가'라는 제목의 시론2008년 11월24일자을 쓴 적이 있다. 수확량이 2007년 대비 9.9% 증가해 가격 폭락이 예상되니 근본 대책을 수립해야 한다는 요지였다. 그런데 이상한 일이 일어났다. 쌀값은 오히려 상승하고, 시장 출하물량이 자취를 감췄다. 전문가들은 선거를 앞둔 일부 농협에서 시장가격보다 높게 수매했고, 시장의 힘을 무시한 생산자들은 더 높은 가격을 기대하며 출하를 기피했기 때문으로 분석했다. 그러나 시장은 너무나 냉정하고 정확해 일시적인 눈속임이 통할 수 없었다.

올해의 쌀값 파동은 이미 예고된 드라마다. 그럼에도 정부는 소득보전 직불제가 있어 쌀값이 하락해도 농가소득은 큰 문제가 없다는 입장을 견지했다. 그러나 알 만한 사람들은 안다. 쌀 문제는 경제적 문제만이 아니라는 것을. 정부가 쌀 산업을 시장에 맡겨 두고 의연하게 있을 수 없다는 것을.

정부는 2005년 **약정수매제***를 포기하고 **공공비축제***를 도입함으로써 시장지향적 농정기조를 도입했다. 그러나 주기적인 풍흉과 시장개방으로 인한 공급과잉, 국제 곡물시장의 급등락에 효과적이고 선제적으로 대응할 정책수단은 하나도 가지고 있지 못하다. 이런 안이한 방식으로 식량안보를 다뤄서는 안 될 것이다.

쌀 문제의 근본적인 해법은 시장이 아니라 정부의 적극적인 역할에 달려 있다. 쌀 산업을 소득보전직불제나 미곡종합처리장RPC에 맡겨 두지 말고 직접 나서야 한다. 열쇠는 생산조절에 있다. **정부가 시장여건에 따라 정책변수로서 생산면적을 조절할 수 있어야 한다.** 그래야만 생산기반을 유지하면서 쌀 산업과 농가의 소득을 안정화시킬 수 있다.

2003년부터 3년간 시행됐던 **생산조정제***는 휴경을 대가로 보조를 지불하는 정책이었다. 이는 생산면적을 줄이는 데는 효과적이나 국민적 반감이 문제였다. 그 대안으로 생산조정제와 소득보전 직불제의 결합을 고려할 수 있다.

소득보전 직불의 전제조건으로 휴경을 요구하는 이 정책은 농가소득을 보전하면서 시장물량을 선제 조절할 수 있는 효과적인 수단이 된다. 공급과잉으로 골치를 썩던 미국이 1973년부터 30년간 사용하였던 이 정책은 세계무역기구WTO에 의해 블루박스로 분류돼 허용 가능한 정책이다. 생산조정제에 대한 납세자의 반감이나 생산조절에 무력한 소득보전 직불제의 약점을 보완할 수도 있다. 다만, 정부는 목표소득 수준을 조정하고, 의무 휴경률을 결정하고, 정책 대상을 세분하는 등 미세 조정하는 수고를 해야 한다. 정부는 좀 더 적극적이고 창의적으로 쌀 정책을 운영해 주길 기대한다.

용어해설

약정수매제

정부는 1969년부터 농민의 쌀 증산의욕을 고취하여 식량부족 문제를 해결하고 농가소득을 향상시키기 위해 높은 가격에 수매하는 반면, 저임금 구조를 유지하기 위해 방출 가격은 낮게 유지하는 이중곡가제를 실시하였다. 이로 인해 목표한 정책 효과는 얻을 수 있었으나 정부의 적자액은 눈덩이처럼 늘어갔다. 이 문제를 해결하기 위해 기존의 수매 제도를 개편하여 1997년부터 약정수매제를 도입하였다.

약정수매제는 수확기에 수매가격을 결정하는 이전의 추곡수매제와 달리 파종기에 미리 수매가격을 공지하여 수매 신청을 받고, 수매가격의 일정부분을 미리 지급함으로써 농가의 계획영농을 유도하고 영농기 자금 부담을 완화하는 제도이다. 그러나 이 정책은 미리 수매가격을 알려줌으로써 증산을 유도하고, 고품질 쌀의 생산정책에 역행하는 문제가 있었다. 또한 매년 수매가격을 결정하는 과정이 매우 복잡하고 정치적이어서 정부의 정책운영이 매우 어렵고 추곡수매의 기능이 충분히 발휘되지 못하였다.

약정수매제는 1933년부터 운영되어 오고 있는 미국의 융자수매제(loan rate program)를 거의 복사한 정책이다. 그러나 수매가격을 농업법(U.S. Farm Bill)에서 수년 전부터 미리 결정하여 운영하는 미국과 달리 한국의 경우는 매년 농정당국이 결정한 수매가격을 국회가 동의하도록 되어 있어 스스로 문제의 소지를 가지고 있었다.

공공비축제

이중곡가제나 약정수매제 모두 두 가지 기능을 가지고 있다. 하나는 수매가격을 통해 쌀 가격을 적정 수준으로 지지하는 것이고, 또 다른 하나는 자연재해나 비상시에 대비하여 일정 물량의 쌀을 비축하는 것이다. 이러한 수매제는 국내 시장가격에 개입하기 때문에 WTO의 감축대상 정책이 된다. 이에 정부는 2005년에 약정수매제를 폐지하고 가격지지는 소득보전직불제, 재고관리는 공공비축제로 대신하는 정책을 도입하였다.

공공비축제는 추곡수매제와 달리 WTO 협정 상 보조금 감축이 면제되는 정책으로 허용보조로 인정받기 위해 시가로 매입하고 시가로 방출한다. 농림수산식품부는 공공비축 적정 규모를 FAO의 권고를 고려하여 매년 소비량의 2개월분인 600만석(86만4천 톤) 수준으로 운용한다. 연간 매입물량은 300만석을 원칙으로 하고 비축미 방출은 회전관리를 위해 매년 일정물량을 방출하는데, 연간 방출계획을 사전 고시하여 예측가능성을 확보한다.

생산조정제

「쌀 생산조정제 독해」 본문 참조

쌀 생산조정제 독해 : 문제점과 보완책

2003.04.21 이슈투데이

수년 간 지속되어 온 쌀의 과잉기조로 인한 재고문제를 해결하기 위해 정부는 생산조정제를 도입하였다. 생산조정제는 미국이나 일본 등 여러 선진국에서 다양한 형태로 운영되어 온 휴경보상제로서, 인위적으로 생산을 감축시키며, 생산을 하지 않는 대가로 돈을 지불한다는 이유로 납세자나 소비자로부터 많은 비난과 저항을 받아 온 제도이다. 이러한 정책이 우리 쌀 산업에 도입된 배경에는 정상적인 방법으로는 작금의 쌀 문제를 해결하기 어렵다는 판단에 기인하였을 것이다.

2002년 FAO가 권장하는 **적정재고율***600만석의 2배가 넘는 엄청난 재고가 2004년 쌀 개방협상과 맞물려 농업문제의 가장 중대한 사안으로 등장하였고, 대통령 직속 농어업 · 농어촌특별대책위원회에서는 이 문제를 해결하기 위하여 소득보전직불제를 제안하였다. 이 제도는 쌀의 명목 조수입이 직전 3개년도 평균에 비해 하락하면 그 차액의 70%를 보전해주는 소득보상정책으로, '직불제'이라는 명칭과는 달리 WTO에서 **감축대상으로 지정되어 있는 보조**amber box*에 해당한다.

한국농촌경제연구원KREI이 제안한 이 정책이 보조금 사용에 있어 현행의 약정수매제와 경합함에도 불구하고 애초 농림부가 제안한 생산조정제나 필자가 제안한 부족분지불제를 제치고 채택된 것은 쌀의 생산을 시장기능에 따라 조절하여 가격경쟁력을 제고할 수 있으며, 그 운영방식이 매우 단순하다는데 있었다. 그러나 이 제도가 시장기능을 통한 생산조절이라는 소기의 목적을 이룰 수 있는가 하는 것과 농민들의 소득하락에 대한 적절한 보상이 되는가에 대해 논란의 여지가 있었다.

즉, 거의 완전경쟁구조 하에 있는 농민들이 작목 선택의 별다른 대안이 없는 상태에서 시장가격이 하락하고 소득이 감소하면 생산을 줄일 것인가에 대한 의문에 대부분의 전문가들은 회의적이다. 이 경우 농민들은 가급적 최선을 다해 생산을 증가시키는 것이 가격하락에 따른 소득 감소를 보전하는 유일한 방법이라는 것을 직관적으로 알고 있으며, 이에 따라 적어도 단기간에는 생산이 감소하지 않을 것이다.

실제로 쌀의 대북 지원과 태풍피해 등으로 인한 생산 감소로 최악의 사태를 넘긴 농림부가 2003년도 식부 의향조사를 한 결과 쌀의 재고문제는 여전히 악화될 소지가 있었고, 따라서 생산을 인위적으로 감소시키는 고육책을 도입하지 않을 수 없었다. 이와 함께 2004년에 예정되어 있는 쌀 시장개방 재협상을 위해서도 단기간에 생산면적을 실질적으로 감소시킬 수 있는 생산조정제가 필요하였다. UR 협상 당시 쌀의 관세화를 유예하는 조건의 하나로 '실질적인 생산제한조치'를 약속하였으나, WTO 출범 이후 우리의 쌀 생산이 지속적으로 증가하여 차기 협상에서 불리하게 작용할 수 있다는 우려도 반영되었다.

이에 따라 농림부는 3년 간 한시적으로 생산조정제를 시행하기로 하였다. 생산조정 대상으로 결정된 농지는 휴경을 원칙으로 하되, 경관작물과 관상수 등 일부 작물의 재배를 허용하는 WTO 농업협정상의 허용보조로 운영되며, 휴경보조금은 ha당 300만원으로 책정되었다. 생산조정 적용대상 농지는 제한을 두지 않으나, 비진흥지역의 생산성이 낮은 농지 위주로 실시하고, 참여대상 농가는 쌀 생산의 규모화를 촉진하는 차원에서 고령농가와 영세농가, 그리고 과수·채소·축산 등을 함께 경영하는 겸업농가를 대상으로 추진하고 있다.

생산조정제의 시행 첫 해인 2003년 3월 현재 사업계획면적 27,500ha를 모두 달성하였다. 신청농가는 모두 76,000농가이며, 농가 당 평균 신청면적은 1,100평이었다. 사업신청 농지는 상대적으로 생산성이 낮고 기계작업이 어려운 중산간지의 경지정리가 안 된 논이 많았고, 참여농가는 고령농가, 조사료 재배희망 축산농가, 인삼 재배를 위한 휴경농가 등이어서 대체로 바람직한 방향으로 이뤄진 것으로 농림부는 평가하고 있다.

그러나 생산조정제는 근시안적이고 무원칙한 농업정책의 또 다른 사례로 지적될 수 있다. 우선 생산조정제의 시행으로 농지 임차료가 휴경논 보상 수준에 비례해 상승하고 있어 DDA를 통한 추가 시장개방을 앞두고 가격경쟁력을 제고시켜야 하는 절대적인 명제에 역행하고 있다. 실제로 농촌현장에서 논의 임차료가 20% 상승하거나, 휴경보상금을 위해 임차지를 회수하는 사례가 발생하여 규모화에 역행하는 결과를 초래하고 있다. 또한 생산조정제를 통한 생산의 감소는 시장가격을 상승시키는 요인이 될 것이며, 이는 시장가격의 하락을 유도하기 위해 약정수매가를 인하한다는 농림부의 논리물론 이도 무원칙한 정책이지만와도 배치되는 것이다.

생산조정제의 가장 중대한 문제는 많은 국민들의 반대를 무릅쓰고 강행하는 새만금사업의 한편에서 쌀의 재고를 감소시키기 위해 논을 휴경시키고 그 대가로 돈을 지불하는 모습은 소비자나 납세자 등 일반 국민들에게 농업의 존재의의에 의문을 가지게 하는 심각한 결과를 초래하고 있다. 현재 진행되고 있는 DDA 협상의 성패는 농업과 농촌으로부터 점차 멀어져 가는 국민들의 애정과 관심을 여하히 되돌리는가에 달려 있다고 해도 과언이 아니다. 그러나 생산조정제는 국민들의 마음을 농업으로부터 떠나게 하는 매우 값비싼 정책임을 인식해야 한다.

급박한 재고문제를 위해 생산조정제가 어쩔 수 없는 대안으로 시행된다 하더라도 이는 반드시 단기적인 미봉책임을 인식하여 가급적 빠른 시일 내에 종식시켜야 한다. 이와 함께 농지의 휴경을 대가로 돈을 준다는 부정적인 시각을 불식시키고 자원과 예산을 보다 효과적으로 사용하기 위해 사업대상 농지에 조사료나 콩의 재배를 권장하여 활용하는 방안을 모색할 필요가 있다. 또한 **생산조정제와 소득보전직불제의 장점을 동시에 가지고 있어 생산을 감소시키고자 하는 생산조정제의 목표와 함께 쌀 수급을 시장기능에 맡기면서도 농가의 소득을 안정적으로 보장할 수 있는 부족분지불제(또는 미국의 경기조정직불제)와 같은 보다 효과적인 정책의 도입을 적극 고려해야 할 것이다.**

용어해설

식량 적정재고율

UN 산하의 식량문제 전담기구인 FAO(Food and Agricultural Organization)는 각국이 식량안보를 유지하기 위해 필요한 적정재고를 정하고 있다. 이는 수입국이 적정한 양의 식량을 구매해서 배급하는데 소요되는 시간만큼 필요한 국내비축량으로, 대체로 소비량의 15–18%에 해당한다. 이는 평균 수입기간이 2개월 정도 걸리는 것을 감안한 것이다.

감축대상 보조(amber box)

WTO 농업협정 제6조 1항은 "감축의무가 면제되는 국내조치를 제외하고 농업생산자의 이익을 위한 모든 형태의 국내보조는 감축된다"고 명시하고 있다. 감축대상 국내보조는 국내 생산자가 저렴한 수입상품과 경쟁할 수 있도록 가격지지나 생산비지원을 하는 보조를 의미한다. Amber는 노란색을 의미하며 "경계"의 뜻을 가지고 있다.

감축의무가 면제되는 국내보조는 생산자의 소득에 보조를 주지만 생산을 제약하여 국내가격을 오히려 높이는 보조(blue box)와 생산이나 가격에 직접적인 영향을 주지 않는 허용보조(green box)로 구분된다. 미국의 부족분지불제(deficiency payment)는 blue box 보조에 해당한다. 정책의 성격 상 무역왜곡효과나 생산효과가 없거나 미미한 정책의 경우 허용보조에 포함되며, 크게 정부서비스와 직접지불로 분류된다. 정부서비스는 일반서비스, 식량안보를 위한 공공비축, 국내 식량구호로 구분되며, 일반서비스에는 연구 및 훈련, 병충해 방제사업, 현장지도 및 자문, 검사서비스, 마케팅 및 판매촉진, 하부구조사업 등이 포함된다. 정부가 시장기구를 통하지 않고 직접 생산자에게 지불하는 직접지불은 시장중립적 소득지지, 소득보험 및 소득안정화사업, 자연재해 지원, 생산자 은퇴 등을 통한 구조조정 및 낙후지역 지원 등을 포함한다.

쌀 소득보전직불제의 한계

경향신문 2009.11.23

올해도 지난해에 이어 예상 밖의 대풍을 기록했다. 그럼에도 불구하고 농민들은 전혀 행복하지 않다. 아니, 지난해 대비 15% 가까이 폭락하는 쌀값에 망연자실하고 있다. 무엇이 문제일까?

농정당국은 시장가격이 하락하더라도 소득보전직불제가 일정 소득을 보전해줄 수 있기 때문에 큰 문제가 없다는 입장이다. 이는 물론 소득보전직불 정책을 도입한 배경이기도 하다. 쌀 가격은 시장에 맡겨두고 정부는 목표가격과의 차이를 예산으로 보전해 주면 되기 때문이다. 이러한 정책의 배경에는 오랫동안 미곡정책의 중심에 있었던 수매제의 정치적 복잡성이 있다.

2005년 약정수매제를 폐지하고 도입한 정책이 소득보전직불제였다. 목표가격과 시장가격 차이의 85%를 보전하고, 식량안보를 위해 필요한 재고는 매년 일정 물량을 유지하는 공공비축제를 통해 충당하는 것이 요지다. 정부 입장에서는 정말 편한 정책이지만 생산자 입장에서는 불만이 아닐 수 없다. 올해처럼 가격이 폭락할 경우 목표가격과 시장가격 차이의 85%만 보전해주기 때문에 나머지 15%는 생산자가 감당해야 한다. 또 기준가격으로 전국 평균가격을 사용하기 때문에 평균보다 가격이 낮게 형성되는 지역의 생산자들은 더 많은 피해를 볼 수밖에 없다. 정부 직불금이 익년 봄에 지불되기 때문에 수확기에 현금 수요가 많은 농가들은 유동성 부족을 겪어야 하며, 가격의 지속적인 하락에 대한 불안감도 정신적 고통이 된다.

소득보전직불제의 가장 커다란 한계는 시장수급의 급격한 변화에 속수무책이라는 것이다. 생산자의 소득을 실질적으로 보전하면서 식량안보를 위한 생산기반을 유지하기 위해선 정부의 적극적인 역할이 필요하다. 소득보전직불제에 생산조절 기능을 결합한 정책을 대안으로 고려할 수 있다.

쌀값은 시장에서 정부의 정책을 반영한 수요와 공급에 의해 결정된다. 수요는 소비와 시장격리로 구성되고, 공급은 생산과 재고로 구성된다. 그러나 수급조절을 위해서는 생산을 조절하는 것이 유일하면서도 효과적인 방안이다. 세계무역기구WTO 규정에 의해 매년 일정량을 유지해야 하는 공공비축제하에서 재고관리는 매우 제한적인 변수이다. 또한 시장에서 격리된 물량은 언젠가는 시장에 출하되기 때문에 근본적인 대책이 되지 못한다. 대북지원은 정치적 사안이기 때문에 미봉책이 될 수밖에 없다. 쌀 가공제품에 대한 소비를 늘리는 것도 기술개발과 소비자 입맛의 변화를 수반해야 하는 장기적 과제이다.

따라서 **소득보전직불제에 생산조절 기능을 탑재하는 것이 해답이다. 생산자에게 일정 면적의 휴경을 요구하는 대신, 목표가격과 시장가격의 차이를 전부 보전해줌으로써 소득변화에 대한 불확실성을 제거하는 것이다.** 정부는 매년 수급상황을 예측해 휴경률과 목표가격을 결정하는 미세조정을 해야 하지만, 여러 정책 목표를 동시에 달성할 수 있다는 점에서 유용한 대안이 될 수 있다.

쌀 소득보전직불제의 지불 방식 도해

고정직불금(11,475원/80kg)은 정액으로 지급되고, 변동직불금은 시장가격(P_0)과 목표가격(P_t=170,083원/80kg)의 차액의 85%에서 고정직불금을 제외한 금액만큼 지불된다. 따라서 시장가격이 행사가격보다 낮은 경우에는 목표가격(P_t)과 시장가격(P_0)의 차액의 85%가 고정직불금과 변동직불금 지급을 통해 충당된다.

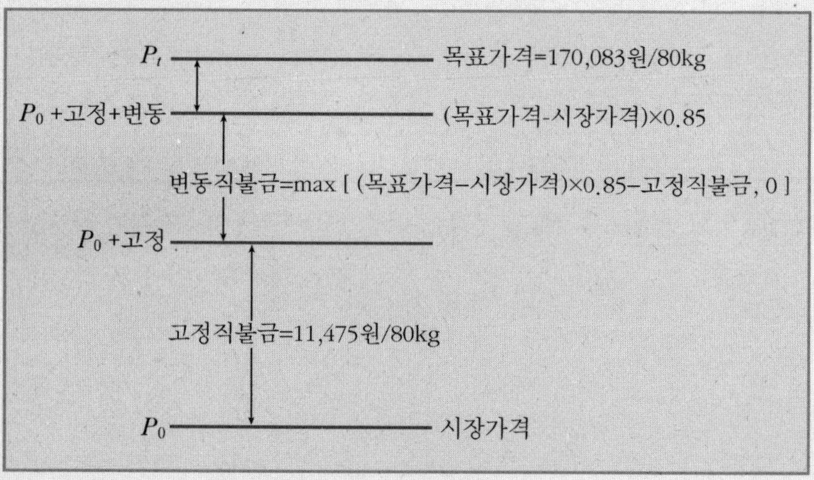

쌀소득보전직불제의 다양한 활용법

2009.03.17 농민신문

2005년에 도입된 '쌀소득보전직불제'는 약정수매제 폐지와 시장개방 확대에 따른 쌀 생산농가의 중장기적인 소득 감소를 보전해주기 위한 정책이다. 이 제도를 통해 지원되는 이전소득은 쌀의 생산 여부와 관계없이 일정 요건을 갖춘 농가에게 지불되는 고정직불금과 시장가격에 따라 실제 쌀을 생산한 농가에게 지원되는 변동직불금으로 나뉜다.

최근 이 제도의 주요 정책변수인 목표가격의 인하와 고정직불금의 확대 등이 중요한 쟁점으로 부각되고 있다. 농림수산식품부는 관련 법률에 따라 과거 3개년 시장가격의 감소를 반영, 목표가격을 16만1,265원으로 변경하는 안을 국회에 제출했다. 그러나 국회는 3개년마다 변경토록 돼 있는 목표가격을 기존 17만83원으로 고정하고, 그 기간을 5년으로 연장하는 법안을 확정해 청와대까지 가세한 논란에 종지부를 찍었다.

또 다른 중요 이슈는 생산과의 연계효과 때문에 세계무역기구WTO 감축 대상인 변동직불 부분을 줄이는 대신에 고정직불 부분을 늘리는 논의다. 이에 대해서는 농수식품부와 농민단체가 의견을 같이한다. 그러나 그 속내는 사뭇 다르다. 최근 경제협력개발기구OECD가 한국농정평가보고서에서도 권장한 바와 같이 농수식품부는 변동직불을 줄임으로써 생산연계 효과를 감소시키고 보다 시장지향적인 정책방향을 추구하는 반면, 농민단체는 복잡한 소득보전 방식 대신 아무 조건 없는 고정직불을 확대함으로써 소득보전 효과가 증가할 것으로 믿기 때문이다. 그러나 소득보전직불제의 소득보전 효과는 그리 간단하지 않다.

필자는 최근 소득보전직불제의 시나리오별 소득보전 효과를 분석해 농업정책학회에 발표한 바 있다. 그 내용을 요약하면 현재의 소득보전 구조 속에서 고정직불금을 30% 상승시키면 농가의 평균소득은 1.4% 증가하나, 소득 불안정성도 30% 가까이 늘어나는 것으로 분석됐다. 만약 현재의 소득보전금 전부를 고정직불금으로 대체하는 경우에는 농가소득이 오히려 1.5% 감소하고, 소득 불안정성은 무려 149%나 증가하는 것으로 나타났다.

이러한 결과는 현행 변동직불금 지불구조가 갖는 소득안정화 효과, 즉 보험의 기능에 기인한다. 고정직불금은 농가의 소득을 시장가격 등락에 관계없이 증가시키지만, 변동직불금은 시장가격이 하락하는 경우 그 하락분을 크게 감소시키는 보험의 역할을 한다. 따라서 농가의 입장에서는 가격 상승 시에는 고정직불 부분이 큰 것이 좋고, 가격 하락 시에는 변동직불 부분이 큰 것이 좋다. 만약 모든 소득보전을 고정직불로만 한다면 가격 하락의 위험에 그대로 노출돼 소득이 오히려 감소하고 가격 안정성 또한 하락한다. 따라서 현재의 정책구조를 고정직불로만 단순화한다면 소득 안정성과 보험의 기능을 희생한 대가를 고려해 더 높은 수준의 고정직불금이 책정돼야 할 것이다.

만약 현행의 소득보전직불제를 휴경농지에 보조금을 지불하는 생산조정제와 연계하는 경우에는 농가소득이 4% 증가하고 소득 안정성도 52% 감소하지만, 정책비용은 13% 감소한다. 이는 생산조정제로 인한 재배면적의 감소가 시장가격을 지지하고 이에 따라 변동직불금이 51% 감소하기 때문이다.

쌀소득보전직불제는 그 구조가 매우 복잡하고 농민들이 이용하기 불편하지만 다양한 정책변수와 디자인을 통해 농가와 정책목표에 보다 적합한 효율적인 메커니즘으로 운영할 수 있는 장점이 있다.

소득보전직불제와 생산조정제의 연계 효과

생산조정제 실시에 따라 시장가격은 4.4% 증가하였으나, 수취가격은 1.9% 증가에 그쳤다. 이는 변동직불의 영향 때문이며, 시장가격 증가의 효과가 생산자에게 100% 전달되지 않음으로써 정책으로 인한 시장왜곡 현상이 존재함을 보여준다.

시장가격 상승으로 농업소득이 증가하고, 이로 인해 농가소득이 4% 가량 증대했음에도 불구하고 단위면적당 정책비용은 현행에 비해 13% 가량 감소하는 것으로 나타났다. 이는 생산조정제와 소득보전직불제의 연계효과가 농가소득 및 정책비용 측면 모두에서 유리한 정책임을 반영한다. 농가소득 증가와 정책비용 감소효과를 동시에 발생시키는 생산조정제 연계가 고정직불금 증가에 비해 우수한 정책 대안이 될 수 있다.

〈표〉 생산조정제 연계에 따른 농가수취가격, 재배면적, 소득 변화

(천원/ha)

	시장가격 (원/80kg)	수취가격 (원/80kg)	재배면적 (ha)	농업소득	농가소득		이전소득				
					평균(A)	CV	고정 직불금	변동 직불금	휴경 보조금	총액(B)	B/A
현행	149,816	168,159	950,548	3,364	4,482	0.056	700	418	-	1,118	25%
생산조정제 실시	156,423	171,287	922,032	3,768	4,674	0.085	700	206	71	977	21%
증감율 (현행대비)	4.4%	1.9%	-3.0%	12%	4%	52%	0%	-51%	0%	-13%	-16%

출처 : 이춘수·양승룡. "시나리오별 쌀소득보전직불제 효과분석" 농업경제연구 49(3)(2008.9):29-52

쌀 조기 관세화의 허와 실

2009.04.27 농민신문

쌀 시장의 조기 관세화가 빠른 속도로 추진되고 있다. 한국농촌경제연구원KREI은 두 차례에 걸친 공청회를 통해 관세화 전환의 이점을 제시했고, 농림수산식품부도 농어업선진화위원회 논의 과제로 채택해 공론화 과정을 시작했다.

조기 관세화의 이점은 대체로 명확하고 설득력이 있어 보인다. 농민 단체를 위시한 학계나 정책당국 등도 폭넓은 지지를 보내고 있다. 그러나 우리는 지난해 온 나라를 들끓게 하고, 정권의 존립마저 위협한 광우병 사태로부터 교훈을 얻어야 한다. 광우병 사태가 미국산 쇠고기의 실질적인 위험을 넘어 국민을 무지렁이쯤으로 치부한 정부의 일방적이고 안이한 태도로부터 촉발되었음을 감안해 쌀 시장 개방도 모든 비판적 가능성을 검토한 뒤 논리적 완결성을 추구하고, 이해당사자들을 충분히 설득하는 과정을 거쳐야 한다.

조기 관세화를 주장하는 KREI는 최근 국제 쌀값과 환율이 급등해 관세화로 시장 개방 하더라도 현행의 **저율관세할당**TRQ* 물량 이외에는 추가로 수입되지 않을 것으로 전망하고 있다. 따라서 관세화 유예를 지속할 경우 매년 추가로 증량되는 TRQ 물량만큼 불필요한 재정적 비용이 든다는 것이다. 이 비용은 향후 10년간 2,000억 원에서 4,000억 원 정도 되는 것으로 추정했다.

그러나 조기 관세화는 단순히 수입 비용으로 득실을 따지기에는 훨씬 복잡하고 중대한 문제다. 2004년 쌀 재협상 당시 관세화 유예를 선택한 이유는 그 효과가 관세화 개방에 비해 크기 때문이었다. 당시 여러 전문가들이 추정한 관세화와 동등한 의무수입 물량은 8% 내외였다. 이는 관세화 유예의 대가로 허용해야 하는 의무수입 물량을 8% 이하로 협상할 수 있다면 우리에게 유리하다는 것이었다. 여기에 향후 있을 **도하개발아젠다**DDA* 협상의 불확실성과 정치적 부담을 고려하면 실질 동등성 수준이 10% 이상이었을 것이다. 협상 결과 2014년까지 7.96%까지 늘리는 것으로 합의됐다.

이제 국제시장 여건이 바뀌고 DDA의 윤곽이 드러나 동등성 수준이 거의 0%까지 내려갔다. 그러나 관세화 여부를 판단하는 데는 수입 비용 외에도 적지 않은 고려 사항이 있다. 조기 관세화 주장의 가장 심각한 문제는 평균적인 분석에 의존한 것이다. KREI는 2008년 국제 가격에 환율과 관세, 제 비용을 적용한 외국산 공급가격 228,000원80kg 기준을 국내가격 155,000원과 비교해 수입 가능성이 없다고 분석하고 있다. 그러나 국내 대형 마트에서 5%의 누적판매량을 차지하는 상위 브랜드들의 평균값은 무려 310,000원이 넘는다. 이들의 평균 마진율 15.2%를 고려할 때 미국산 쌀은 국내 대형 마트에서 경쟁력을 가지고 있으며, 미국의 마케팅 능력을 고려하면 그 이상의 점유율도 가능해 보인다. 하물며 미국보다 생산비가 훨씬 낮은 중국산 쌀은 더 말할 나위가 없다.

조기 관세화가 한국의 개도국 지위에 미치는 영향도 심각하게 검토해야 한다. 관세화 유예는 개도국에만 적용되는 우루과이라운드UR 협상 부속서 5B에 의한 것으로, 관세화 유예를 포기할 경우 개도국 지위를 잃게 될 가능성이 있다. 이 경우 DDA 협상이 쌀 이외의 품목에 미치는 영향이 매우 심각할 것이다. 또 관세화가 향후 전개될 한·중 FTA에서 쌀 협상에 미칠 영향도 고려돼야 한다.

조그만 구멍이 둑을 무너뜨리고, 약간의 방심이 국가안보를 위험에 빠뜨릴 수 있다. 쌀 문제는 아무리 두드려도 지나치지 않다.

공개적인 논리다툼이 바람직하진 않지만...

쌀 관세화와 관련된 최근의 우려들은 이 문제가 단지 2014년까지 수입비용의 문제만은 아니라는 인식에서 출발한다. 그러한 우려들은 아직 비준되지 않은 한미 FTA나 한중 FTA에 미치는 영향과 DDA 협상 상의 개도국 지위와 관련된 것들로, 전혀 현실성 없는 과도한 우려에 지나지 않는다고 보기에는 너무 치명적인 것들이기 때문에 충분한 검토가 있어야 한다는 것이다.

1. 우선, 정부가 2015년 이후 관세화가 당연하다는 논거로 2004년 협상 시 2014년 이후에 대해 아무런 언급이 없었음을 들고 있다. 그러나 이를 관세화유예 불가로 해석하는 것도 과도하다. 원론적으로는 서로의 이해가 맞으면 언제나 협상이 가능할 것이다. 만약 국제시장 여건이나 DDA 협상 상황이 급변하여 관세화유예를 꼭 해야 한다면, 또는 관세화가 너무 위험하다고 판단되면 추가협상은 가능하다. 문제는 그 대가로 얼마를 지불할 것인가에 달려 있는 것이지 절대 못하는 것은 아닐 것이다. 그런 차원에서 2004년 쌀 협상에서 추가유예의 가능성을 명시하지 않은 정부의 협상태도를 지적하지 않을 수 없다. 실행여부를 떠나서 당연히 그러한 옵션을 가지는 것이 좋았을 것이다.

2. 조기관세화를 하더라도 TRQ 이외의 물량은 추가로 수입되지 않을 것이라는 주장은 너무 단순한 것이다. 최근의 국제 쌀 가격이 매우 높은 것은 사실이지만, 이는 역사적인 추세(평균이 아니라)로 볼 때 비정상적으로 높은 것이며, 조만간 다시 역사적인 추세로 회귀한다고 보는 것이 합리적이다. 문제는 단기간에 그럴 가능성이 있느냐에 있다. 국제 쌀 가격이 이렇게 높은 수준에 오르기까지 1-2년 밖에 걸리지 않았다. 급격한 하락의 가능성이 거의 없다는 예측의 근거가 좀 더 명확해야 할 것이다.

   환율 또한 최근의 미국 상황을 고려하면 급격히 하락할 가능성이 있다.

시나리오에 따라서는 소매시장에서 5% 이상의 시장점유율도 가능한 것으로 분석된다.

더욱 중요한 것은 관세화가 되었을 때 미국이나 중국이 단순히 국내 쌀 가격을 고려해서 수출여부를 결정하지 않는다는 것이다. 한국 시장을 공략하기 위해 시장침투가격전략(market penetration pricing)을 비롯해서 끼워팔기(BOGO), 쿠폰, 샘플증정, 시식회 등 다양한 판촉 전략을 구사할 것이다. “관세따먹기”를 하기 위해 수입가격을 낮게 책정하는 것도 우려해야 한다. 만약 500불짜리 쌀이 수입되면 관세 400%를 포함해서 2500불이 되지만, 이를 400불로 신고하면 2000불이 된다. 농식품부 장관이 주장하는 것처럼 현재의 높은 국제가격을 국내의 평균가격과 비교하여 추가수입이 없다고 단정하는 것은 무책임하다고 볼 수 있다.

3. 개도국 지위는 우리가 판단할 수 있는 문제가 아니다. 향후 DDA 협상과정에서 협상상대국의 태도와 관련된 문제이기 때문이다. 그러나 관세화유예를 포기한다면 개도국 지위에 대한 우리의 입지는 더욱 약해질 것이다. 조기관세화란 국제시장이 단기간에 불리하게 급변하더라도 우리는 그러한 상황 변화를 감내할 의사가 있다는 것을 의미하기 때문이다. 즉, 식량안보를 고려하고(Annex 5), 개도국 지위(Annex 5B)를 활용해서 관세화를 유예시킨 동기가 더 이상 없다는 것을 의미한다.

마지막으로 조기관세화는 일방의 생각이나 믿음의 문제가 아니라 최악의 상황에 대한 대비의 문제이다. 여러 전문가들이 제기하는 문제들이 좀 더 신중하게 검토되어야 한다. 특히 정부는 쌀 관세화가 예상했던 상황과 다른 결과를 초래했을 때도 충분히 감당할 수 있다는 확신이 들었을 때 비로소 조기관세화를 추진해야 할 것이다. 그때까지는 여러 다양한 의견들을 수렴하여 분석하고 부정적 시나리오에 대한 대비를 하는 자세가 필요하다.

(GS&J 시선집중 [79호]에 대한 댓글 중 일부)

관세할당(Tariff Rate Quota)

관세할당은 일국의 정부가 자국의 특정한 경제적 목적을 위하여 수출, 수입 등의 대외적 경제활동이나 가격결정기구에 개입하는 행위인 무역정책의 하나로, 수입국의 대표적 무역정책 수단인 관세(tariff)와 수입할당(quota)이 결합된 형태이다.

관세는 일국의 경제적 국경(관세선 또는 법정관세구역)을 통과하는 수출입 상품에 대해 정부가 부과하는 조세로서 가격조절수단이고, 수입할당은 특정 상품의 수입량을 일정 기간 동안 일정량(수입할당량)으로 제한하는 수량제한조치이다. 저율관세할당은 수입할당량 이하의 수입량에 대해 저율의 관세를 부과하고, 이를 초과하는 물량에 대해서는 고율의 관세를 부과하는 정책이다. 쌀의 경우 미국, 중국 등 주요 수출국과의 협상을 통해 2005년 이후 2014년까지 10년간 관세화를 유예하였기 때문에 실제로 수입할당량 이상의 물량이 수입되지 않고 있고, 수입할당량 이내의 수입량에 대해 5%의 관세가 부과되고 있다.

도하개발아젠다(DDA) 협상

DDA 협상은 2001년 11월 카타르 도하에서 열린 제4차 WTO 각료회의에서 새로이 출범시킨 UR 이후의 새로운 다자간 무역협상을 지칭하는 말로서 "OO라운드"라는 용어에 대해 거부감을 가지고 있는 개도국들의 요구로 사용되는 공식명칭이다. 당초 2002년부터 3년간의 협상을 통해 2005년 1월 1일까지 협상을 완료하는 것을 목적으로 하였으나, 계속되는 협상 난항으로 아직까지 진행 중에 있다.

DDA 농업 협상의 경우 쌀을 포함한 전체 농축산물을 협상 대상 품목으로 하고 있고, 협상 대상 국가도 중국을 포함한 150여 WTO 회원국으로 이루어져 있다. 따라서 향후 DDA 협상 결과는 양자 간 협상인 한 · 미 FTA를 포함한 어떠한 무역협상보다 시장개방 수준에 더 큰 영향을 미칠 수 있다. 특히 DDA 협상에서는 관세감축수준, 민감품목 및 개도국 특별품목의 요건, TRQ 증량 수준, 세이프가드(SSG) 및 특별세이프가드(SSM)의 발동 요건, 그리고 국내보조 수준 등 시장개방과 관련된 주요한 의제가 중점적으로 다뤄진다는 측면에서 중요한 의미를 가지고 있다.

2009년 11월 30일, 2005년 홍콩 회의 이후 4년 만에 열린 WTO 정례 각료회의는 DDA 협상 타결 가능성을 점쳐 볼 수 있는 기회가 될 것으로 예상되었다. 그러나 DDA 협상에서 개도국의 입김이 세지면서 자국의 이익이 줄어들고 있음을 의식하고 있는 미국의 미온적 태도 등으로 뚜렷한 성과를 내지 못함에 따라 향후 DDA 협상 타결은 그 끝을 점치기 어려운 상황이 되고 있다.

캘리포니아에서 먹는 칼로스

2006.07.26 농축수산신문

UR의 후속협상 결과 쌀 시장이 추가 개방되면서 소비자들이 직접 소비할 수 있는 식탁용 쌀이 정식으로 수입되었다. 이에 따라 미국이나 중국, 호주, 태국산 쌀들이 국내 식탁에 오를 수 있게 되면서 소비자들이 수입쌀들에 어떤 반응을 보이고, 이들이 국내 식탁을 어느 정도 지배하게 될 지가 초미의 관심사가 되었다.

특히 밥맛이 좋기로 유명한 캘리포니아의 장미, 칼로스Calrose의 등장에 국내 농민들은 아연 긴장할 수밖에 없었으며, 일부 농민단체들은 칼로스의 수입을 저지하기 위한 항구봉쇄 등의 제스처를 취하기도 하였다.

그러나 우여곡절 끝에 칼로스가 수입되었으나, 국내 입찰 결과가 매우 저조할 뿐만 아니라, 국내시장에 유통된 칼로스를 시식해 보니 "에계!" 하는 안심어린 반응과 "무슨 흑막이..?" 하는 의문이 일만큼 칼로스의 밥맛은 기대 밖이었다고 전해진다. 특히 농민출신 민노당 국회의원이 직접 확인한 만큼 분명 칼로스는 우리 식탁을 위협할 정도는 아닌 것으로 이해된다.

이를 두고 일부에서는 국영무역을 통한 국내 수입절차에 의혹의 눈길을 보내기도 하고, 실제로 미국은 수입절차나 입찰과정 등에 이의를 제기하며 개선을 요구하고 있다. 또 다른 한편에서는 대형유통업체들이 수입쌀 취급을 꺼려하기 때문에 아직 일반 소비자들의 평가를 얻지 못했다고 빠른 판단을 유보하기도 한다.

그러나 칼로스의 본토인 캘리포니아에서 먹어 본 소감은 국내에서 의심받고 있는 칼로스의 밥맛에 "이유 있음"이다.

필자는 지난 1월부터 연구년을 맞아 캘리포니아 주립대학UC Davis에 체류하면서 직접 쌀을 사서 밥을 하고, 도시락을 싸는 주부 아빠였다. 농업경제학자로서 필자의 관심은 당연히 캘리포니아 쌀의 품질이었다. 아마 그 기간 동안 먹은 쌀은 국내에 수입된 쌀과 비슷한 시기에 생산되고 도정된 쌀일 것이다. 필자의 경험을 요약하면 우리가 막연히 알고 두려워하던 칼로스가 더 이상 국산 쌀보다 우수하지 않다는 것이다.

필자가 거주하는 조그만 대학도시에는 여러 대형 수퍼마켓과 함께 조그만 한인 마켓이 있다. 대형 수퍼마켓에서도 우리가 먹는 중립종을 비롯하여 여러 종류의 쌀이 있지만, 대부분 저렴한 가격의 중간 정도 품질의 쌀을 판매하고 있다. 그러나 주로 아시아 계통 소비자들과 한국과 일본의 맛을 경험한 미국인을 대상으로 하는 한인 마켓에서는 다양한 품질의 쌀을 취급하고 있다.

그 중에는 필자가 과거 10년간 미국에 거주하면서 먹었던 정말 좋은 미국 쌀로 각인되어 있던 국보를 비롯하여 씻어나온 쌀무세미, 완전미 등 고급 쌀 등이 있다. 작은 가게지만 많은 고객들과 그 가게에서 직접 만드는 김밥과 캘리포니아 롤 등으로 쌀의 유통회전율은 매우 높은 편이었고, 실제로 매주 새로 도정된 쌀이 공급되고 있다고 한다.

필자가 과거에 대한 기억으로 제일 먼저 집어든 쌀은 국보Kokuho Rose였다. 통일벼를 먹던 시절에 미국 유학 가서 처음 접한 국보는 쌀과 밥에 대한 필자의 인식을 단번에 바꿔놓기에 충분했다. 국보의 소매가격은 5파운드2.25kg짜리가 3.99달러로 그 가게에서는 별로 비싸지 않은 쌀이다. 그러나 시식해 본 결과, 과거 내가 기억하는 맛이 아니었다. 밥맛과 향취도 그렇지만, 밥을 해

놓고 10분만 지나면 벌써 퍼져서 떡이 지기 시작하기도 했다.

혹시 그 쌀만 유통기간 중에 문제가 있었을까 하고 그 다음에도 같은 브랜드를 골랐으나, 여전히 실망스러웠다쌀의 포장지에는 정확하게 명기된 유통기한도 없었다. 그때는 1월이었고, 날씨와 저장기술을 고려할 때 거의 신곡이었음에도 불구하고 그랬다. 쌀을 자세히 보니 싸라기나 깨진 쌀, 변색된 쌀 등이 눈에 거슬릴 정도로 보였다. 그 다음 번에는 동일한 가격의 금錦, Nishiki을 골랐다. 주로 일본식 초밥을 만드는 재료로 사용한다는 그 쌀도 여전히 내 입맛을 충족시키기에는 부족했다.

이제 칼로스에 대해 가지고 있던 과거의 호감은 어느덧 궁금증으로 바뀌었다. 미국 쌀의 품질이 과연 실제로 별로인 것인지, 아니면 아직 제대로 된 미국 쌀을 먹어보지 않은 것인지. 다른 어떤 이유가 있는 것인가? 내가 너무 주관적인 평가를 하고 있는 것인 아닌지 등.

그 다음으로 주인의 추천을 받아 그 집에서 가장 좋다는 아키타오토메Akitaotome를 골랐다. '최고급단립정미'와 '빨리 씻은 쌀quick rinse rice, 輕洗米'이라는 설명이 붙은 이 쌀은 포장도 레이언지에 세련된 디자인을 하고 있었으며, 가격은 국보에 비해 매우 높은 5파운드당 5.99달러였다. 그러나 맛이나 식감이 국보에 비해 대단히 월등하다고 느껴지지 않았다. 약간 낫다는 정도의 평가 이상을 주기 어려웠다. 여전히 깨지거나 싸라기들이 적지 않게 보여 완전미와는 거리가 있었다.

마지막으로 선택한 쌀은 캘리포니아 고시히카리 단립종으로 '한정계약농가직송'이라는 설명이 붙은 전목미田牧米, Tamaki Gold였다. 이 쌀은 질소 세척한 경세미로 은박 포장지에 진공 포장하여 5파운드당 5.99달러에 팔리고 있었다. 이 쌀은 내가 캘리포니아에서 먹어 본 중에 가장 좋은 쌀이었다. 밥의 냄새도 좋고, 식감도 훌륭했다. 맛도 있었다. 여러 번의 시도 끝에 드디어 캘리

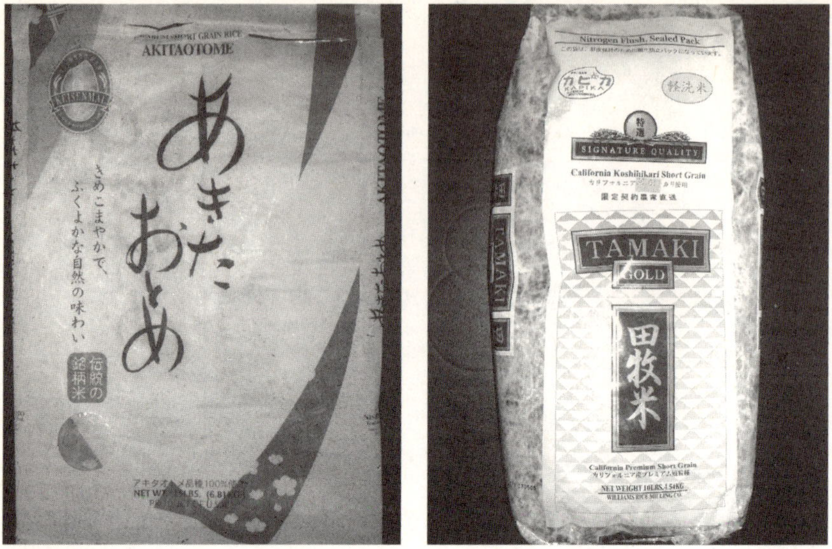

캘리포니아산 최고급 쌀인 아키타오토메(좌)와 타마키(우) 사진. 각각 5파운드당 5.99달러로 우리 쌀로 비교하면 80kg 당 20만 원이 넘는다.

포니아의 칼로스를 만났다. 그런데 이 쌀이 내가 한국에서 먹어보던 좋은 쌀에 비해 대단히 우수하다는 평점을 주기 어려웠다.

필자가 농장장을 하면서 생산하던 고려대 부속농장의 자운영쌀에 비하면 거의 비슷하거나 약간 처지는 느낌을 받았다. 국내에서 먹어보았던 최고급 쌀들은 결코 칼로스에 뒤지지 않을 뿐만 아니라, 오히려 더 우수한 브랜드들도 있었다.

필자는 식품과학자나 전문적인 식미감정가가 아니기 때문에 밥맛에 대해 과학적인 평가를 하지 못한다. 다만 오래 동안 쌀을 먹어온 소비자로서, 쌀에 대한 지속적인 관심과 연구를 통해 얻은 지식을 기준으로 한 평가에 의하면 한국에 수입된 칼로스에 대한 저조한 평가가 단지 수입절차 상의 문제에 기인하는 것이 아니라고 결론지을 수 있다. 칼로스의 품질과 맛이 한국시장을 강타할 만한 것이 아니라는 것이 지난 6개월간의 경험에서 얻은 결론이다.

우리는 칼로스에 대한 막연한 두려움이나 기대를 할 필요가 없다. 칼로스의 품질도 우리 쌀에 비해 월등히 우수하지 않을 뿐 아니라, 한국시장에서 팔릴 만한 최고급 쌀의 가격이 결코 싸지 않다. 필자가 경험한 최고급 쌀 전목미를 80킬로로 환산하면 소매가격으로 213달러, 우리 돈으로 환산하면 20만 원이 넘는 비싼 쌀이다.

그러나 칼로스의 잠재력을 무시해서도 안 될 것이다. 미국 쌀 산업의 품종개발과 시설투자를 통한 품질향상의 여지가 얼마든지 있다고 본다. 과거 그렇게 맛있었던 칼로스의 품질이 시간이 지나면서 나빠졌을 리 없다. 다만 국내 쌀의 품질이 그간 생산자와 정부, RPC 등 전 방위적인 노력으로 월등하게 좋아졌기 때문에 칼로스의 품질이 상대적으로 불만스럽게 느껴졌을 것이다.

이제 한국 쌀 시장은 품질을 향한 무한경쟁시대에 접어들었다고 볼 수 있다. 한국 쌀 시장을 지키기 위해서는 최고의 품질을 추구하는 부단한 노력이 있어야 할 것이다. 그렇지 않다면 언제 우리 소비자들로부터 외면당할지 모를 일이다. 오늘날의 그 칼로스처럼.

국영무역을 통한 쌀 수입 및 판매절차

한국으로 쌀을 수출하고자 하는 해외업체는 직접 또는 국내 대행업체를 통해서 입찰이 가능하며, 해외 공급자의 국내 대리점은 1개 법인만 허용된다. 입찰은 ① (현지) 입찰 공고 및 설명 ② 입찰 등록 ③ (견품검사 합격업체에 한해 입찰서를 개찰하여) 입찰 시행 ④ 낙찰자 결정 및 계약 체결의 단계로 진행된다. 이 때 낙찰자는 최저가 제시 업체를 선정하고, 계약보증금을 납입한 후 계약 체결이 이루어진다.

밥쌀용 수입쌀의 판매물량 및 평균판매가격

(단위 : 톤, 원/80kg)

구분		중국			미국			태국	총계
		1등급	3등급	소계	1등급	3등급	소계	1등급	
판매물량	2007	8,597	14,410	23,007	6,240	4,162	10,402	999	34,408
	2008	14,809	14,810	29,619	12,021	4,256	16,277	999	46,895
	증감율	72.3%	2.8%	28.7%	92.6%	2.3%	56.5%	0.0%	36.3%
평균판매가격	2007	108,560	104,240	-	109,040	96,880	-	76,240	104,400
	2008	118,960	124,640	-	123,120	120,720	-	90,560	121,360
	증감율	9.6%	19.6%	-	12.9%	24.6%	-	18.8%	16.2%

자료 : 농수산물유통공사. 평균판매가격은 원/kg을 원/80kg 단위로 환산한 값임

쌀 '과잉' 어떻게 풀 것인가

2001.08.31 한국경제신문

금년도 쌀 생산이 풍년이라는 관측과 함께 쌀 가격의 하락과 이로 인한 농민소득의 감소가 농업뿐만 아니라 경제면의 뜨거운 이슈로 등장하였다. 풍년기근의 전형적인 사례로 꼽힐 수 있는 이러한 현상은 최근에 갑자기 나타난 것이 아니라 농업문제 전문가들 사이에서는 이미 몇 해 전부터 심각하기 논의되어 왔던 문제이다. 과거 10년 동안 1인당 쌀 소비는 20% 감소한 반면 생산은 거의 일정하며, 지난 5년간 지속된 과잉생산으로 인하여 재고가 적정 수준 이상으로 쌓여가고 있는 형편에서 수요를 능가하는 생산이 어떤 문제를 발생시킬 것인지는 자명한 일이다. 그럼에도 불구하고 이에 대한 처방이 제때 반영되지 않고 오늘에 와서야 온 나라를 들끓게 하는 것은 전체 농업소득의 40%를 차지하는 쌀 문제가 비단 쌀 문제로 그치지 않는 한국농업 전체의 문제이며, 쌀은 정치재의 성격을 띠고 있기 때문이다. 즉 쌀 문제를 경제학적인 논리로 접근하기보다는 오늘날 농업이 처한 현실을 반영한 정치적인 배려와 타산의 결과이며, 이는 궁극적으로 농업과 농민 모두에게 고통을 가져오는 결과를 초래하고 있다.

물론 우리 농업의 대외경쟁력과 농업을 둘러싼 내외적인 여건을 고려할 때 쌀 문제를 경제학적인 논리만을 적용하여 접근한다면 아마 우리는 농업 없는 경제, 농촌 없는 사회를 운영해야 할 가능성이 많다. 이는 국가를 경영하는 측면에서 볼 때 경제적인 득실을 넘어 감당하기 어려운 선택일 것이다. 이러한 면에서 농업을 다루는 국가정책의 어려움이 있다. 그럼에도 불구하고 작금의 쌀 문제를 해결하기 위해서는 경제학적인 논리와 해법을 적용하지 않을 수 없다. 이 문제는 결국 가격과 소득, 그리고 국가예산이라는 경제적인 변수로 표현되기 때문이다.

지난 40년 간 우리 정부의 쌀 정책은 식량안보와 소비자물가 안정을 고려한 증산정책을 추구하여 왔다. 산업화와 수출드라이브과정에서 필요한 저가미를 위한 증산이 농정의 기조가 되어 왔으며, 이는 수입자유화를 하기 어려운 정치재인 쌀에 관한 한 아직도 정부정책의 근간을 이루고 있다. 그러나 증산 위주의 쌀 정책은 FAO가 권장하는 수준 이상의 재고를 초래하여 엄청난 재고관리비용을 낭비하고 있을 뿐만 아니라, 적절한 수준의 계절진폭을 허용하지 않아 민간유통의 활성화를 저해하고, 이는 다시 정부의 개입을 요구하는 악순환을 되풀이하고 있다.

이제 감당하기 어려운 농가부채와 소득 작목의 부재로 파산상태에 이른 농업을 위해서 증산위주의 양정 방향이 재고되어야 한다. 무엇보다도 현재 미곡정책의 근간이 되는 약정수매제가 재편되어야 한다. 전체 농업보조금의 95%를 차지하는 약정수매제는 이론적으로 증산정책에 해당한다. 쌀의 재고가 부족하여 식량안보가 우려되던 1990년대 중반에 도입된 약정수매제는 미곡 가격의 최저 수준을 보장해주는 가격지지정책으로, 미국의 **융자수매제***를 원용하여 고안된 제도이다. 그러나 미국의 가격지지정책이 식부면적 제한과 함께 운용됨으로써 농산물 가격의 지지와 함께 농가소득의 안정적 지지를 도모한 것과 달리, 우리의 약정수매제는 최저가격지지의 기능만을 가짐으로써 농가소득의 안정적 증가에는 도움이 되지 않고 있다.

특히 생산량의 15%에 해당하는 수매물량에만 가격지지가 적용되기 때문에 농업보조금의 거의 대부분을 이러한 정책에 투입하는 것은 재고되어야 할 것이다. 따라서 약정수매제를 대신할 수 있는 보다 정교한 가격이나 소득지지정책의 도입이 필요하다. 예를 들면 약정수매제와 식부면적의 제한을 병행하거나 미국이나 일본이 이용하고 있는 **부족분지불제**deficiency payment*와 같은 정책의 도입도 고려할 필요가 있다. 또 다른 대안으로는 약정수매제를 폐지하고 그 예산을 전용하여 직접지불제를 확대하는 것을 적극적으로 고려할 필요가 있다.

다른 선진국들의 예에서 찾아 볼 수 있듯이 농업이 버리고 갈 수 없는 국가의 기초산업이라면 증산위주의 농정을 버리고 소득위주의 농정을 지향하여야 할 것이다. 그러나 이러한 정책적 전환에는 국민과 납세자의 동의가 있어야 한다. 이것이 생산과잉시대의 정책당국에 주어진 어렵고도 시급한 과제가 될 것이다.

용어해설

융자수매제(loan rate program)

농민들의 최저 수취가격을 지지하는 정책으로 1933년 처음 도입된 이래 미국 농업정책의 근간이 되는 정책이다. 파종기 때 생산물을 담보로 정부로부터 융자를 받았던 농민들은 만약 시장가격이 융자가격을 상회하면, 생산물을 시장에 시장가격으로 출하하여 정부로 부터 받았던 융자를 상환하고(융자가격 +미재무성 채권 이자율 또는 농무장관이 결정하는 가격으로), 만약 시장가격이 융자가격을 하회하면 수확된 생산물을 현물로 정부 융자를 상환하는 정책이다.

이 제도는 정부의 정책에 참여하는 농민들이 융자가격을 최저보장 가격으로 하여 9개월간 시장가격의 변화에 따라 가장 유리한 가격에서 생산물을 출하할 수 있도록 보장해 주어, 생산자가격에 대한 불확실성을 감소시킴으로서 생산을 증대시키는 반면, 정부의 재고를 확대시켜 정부부담을 가중시키는 문제가 있어 1985년 농업법 개정 시 현물상환 대신 시장가격으로 상환할 수 있게 허용한 마케팅론(marketing loan) 정책과 결합하였다.

부족분지불제(deficiency payment)

1973년 「농업 및 소비자보호법」을 통해 농민들의 소득을 보장하기 위해 도입되었다. 이 정책은 시장가격이 만약 정부에서 정한 목표가격(target price)을 하회할 때 목표가격과 시장가격과의 차이(또는 만약 시장가격이 융자가격보다 낮을 때는 융자가격과의 차이) 만큼을 지급하여 농민들의 소득이 적어도 목표가격에 이르도록 지지한다. 농민들은 정책 수혜를 받기 위해 정부가 정한 감축면적에 따라 반드시 휴경

(set-aside) 시켜야 한다. 이에 따라 이 정책은 Blue-box로 분류되어 감축대상 보조에서 제외되었다. 그러나 실제로는 UR 당시 미국이 마지막까지 협상을 끌면서 지키고자 했던 정책의 하나이다.

이 정책은 미국 농업예산의 많은 부분을 차지하여 1995년 농업법 개정 시 폐지되었다. 당시 세계 곡물 가격이 매우 높은 수준을 유지하여 미국 농민들은 정책의 수혜를 받기보다 자율적인 의사결정에 따라 농사짓기를 원하였다. 그러나 1998년 이후 국제시장이 급변하여 가격이 급락하자 미국 정부는 긴급보조를 지불하게 되었고, 2002년 미국 농업법 개정 시 경기대응소득보조(Counter-cyclical Payment)라는 명칭으로 부활 되었다. CCP는 부족분지불제와 유사하지만 의무휴경을 요구하지 않고, 소득보조금액을 결정할 때 직접지불금액을 제외하는 차이가 있다. 이 정책은 2005년에 도입된 우리의 소득보전직불제와 거의 동일하다.

미국은 1933년 대공황으로 고통 받는 농민들을 보호하기 위해 농업법(Agricultural Adjustment Act)을 제정한 후 매 5~7년마다 농업법(U.S. Farm Bill)의 개정을 통해 미국 농업정책을 현실에 맞게 손질하고 새로운 정책방향을 수립한다.

가격지지 폐지하고 소득지지 정책으로 전환하다.

정부는 2005년 약정수매제를 폐지하고 소득보전직불제를 도입하였다. 가격지지 정책이었던 약정수매제 대신 일정한 소득수준을 보장하는 소득보전직불제로 도입하였다. 과거 약정수매제가 담당하던 재고관리 기능은 공공비축제를 통해 실시하여 보다 시장지향적인 메카니즘이 되었다.

제3장
농업 정책을 말한다

최근 농업정책에 대한 단상

2009.04.13 농수축산신문

최근 농식품부는 미처 따라가기도 어려울 정도로 많은 사업들을 의욕적으로 쏟아내고 있다. 그러나 이러한 정책 사업들이 너무 일방적이고 성급하게 진행되는 것 같아 보는 이들을 걱정스럽게 한다.

농가부채 대책의 일환으로 1조원이라는 엄청난 자금이 소요될 농기계은행사업은 농가의 도덕적 해이를 조장하는 선심성의 비효율적인 정책이다. 시장개방에 따라 급증하고 있는 농가부채가 심각한 것은 사실이지만, 이 문제를 농기계임대사업 방식으로는 풀 수도 없거니와 오히려 심각한 부작용을 초래할 수 있다. 농가가 소유하고 있는 농기계를 농협이 구매하여 이를 다시 농가에게 임대하는 이 사업은 과거 농기계를 반값에 공급하여 농기계 공급과잉을 초래한 실패한 정책의 연장선상에 있다. 그러나 정부는 원론에 반하는 이러한 정책이 농업에 독이 된다는 과거의 실패사례에서 교훈을 얻지 못하는 것 같다. 농기계은행사업은 농가들에게 잘못된 메시지를 줄 뿐만 아니라, 중고농기계 가격결정이나 수급조절의 실패로 시장을 교란하고 농기계 산업을 붕괴시킬 위험도 있다. 이는 다시 부메랑이 되어 농업의 생산성 제고에 걸림돌이 될 것이다. 이미 시장에서는 중고농기계가격이 급등하고 품귀현상까지 보이고 있다.

미래전략 과제로 추진되는 1시군 1유통회사 사업도 우려스러운 정책의 하나이다. 농어업인과 민간기업, 농협, 지자체 등이 공동출자로 유통회사를 설립하여 지역 농수산물 마케팅을 주도한다는 이 사업은 심각한 지배구조 문제가 내포되어 있다. 이 사업의 성패에는 기존의 사업영역과 시설, 정보네트워크를 가진 지역농협의 참여가 매우 중요하다. 그러나 우월한 행정력을 가진 지자체가 주도하는 회사에 농협이 어떤 형태로 참여할 수 있을지 판단하기 쉽지 않다. 또한 사업의 대상이자 주주가 될 농민들과 유통회사의 다양한 이해관계를 합리적으로 조율하는 것도 쉽지 않은 과제이다. 지역단위의 좁은 시장을 두고 물량확보 경쟁을 하게 될 기존 사업자들과의 갈등과 지역 내 과잉투자로 인한 효율성 저하도 해결해야 할 난제이다. 특히 이 사업은 기존의 산지유통활성화를 위한 예산을 전용할 계획이어서 농업정책 간의 충돌을 피할 수 없게 된다. 시군 유통회사 사업에 대한 국회 상임위와 예산부서의 우려도 이러한 문제를 반영한 것이라 할 수 있다. 무엇보다도 정부나 지자체가 주도하여 만든 공기업적 성격의 유통회사가 성공한 사례가 거의 없다는 것도 이 사업에 대한 우려를 키운다.

이와 함께 최근 추진 중에 있는 대규모 농어업회사나 대형유통업체를 대상으로 하는 구매자금 지원사업 등도 그 효과나 부작용이 면밀하게 검토되었는지 의문이다. 특별지원을 받은 대규모 비농업자본이 농업에 어떤 영향을 미칠지 깊이 따져봐야 한다. 대규모 클러스터나 수출산업화 등의 사업들이 오히려 농업에 족쇄가 되고 농촌 해체를 촉진시키는 역할을 하지 않도록 신중하게 추진해야 한다.

우리의 농업문제가 획기적인 정책의 부재에서 오는 것은 아닐 것이다. 현재 추진되고 있는 산지유통활성화나 공동마케팅, 수확 후 관리, 친환경농산물 및 식품안전, 경영위험관리 등은 우리 농업에 꼭 필요하고 반드시 성공적으로 운영되어야 할 사업들이다. **원칙에 반하거나 효과가 검증되지 않은 새로운 사업이나 정책을 도입하기 보다는 많은 논의와 의견들이 모여 기획되고 운영 중인 사업이 지닌 문제점을 분석하고 더욱 효과적으로 운영될 수 있도록 지속적인 미세조정을 하는 과정이 필요하다.** 아울러 새로 등장하는 많은 사업들이 지역이기주의나 대중영합주의에 휘둘려 중심을 잃지 않기를 바란다.

올해 농기계시장 '먹구름'

2003년 이후 성장세를 보이던 농기계시장이 올해 마이너스 성장을 기록할 것이라는 전망이 나오고 있다. 7월 현재 농협중앙회 융자판매금액이 마이너스로 돌아선 데다 상반기 매출신장을 불러왔던 중소형농기계의 선전도 보조사업예산이 조기집행 됐기 때문이라는 분석이 제기되고 있다. (후략)

한국농어민신문 2009.8.13

이진우 기자

시군유통회사 '인기 시들' 신청 '미달'

농림수산식품부가 지난달 16일부터 30일까지 공모한 내년도 시군유통회사 설립지원사업 모집에 고창 · 논산 · 영광 · 신안 · 청도 등 5개 지자체가 신청한 것으로 알려졌다. 이는 당초 10여개 이상의 지자체가 참여할 것으로 예상했던 기대치에 크게 밑도는 수준인데다, 6개소를 신규로 설립하겠다는 농식품부의 목표에도 미치지 못해 사업이 조기 중단될 상황에 빠졌다는 진단도 나오고 있다. (후략)

농수축산신문 2009.12.1

박유신 기자(yusinya@aflnews.co.kr)

농업보조금 유해론 유감

2009.03.11농민신문

한국의 농업보조금이 너무 많아 경쟁력을 상실한다는 이명박 대통령의 뉴질랜드 발언으로 농업계는 충격에 빠졌다. 우리 농민들이 보조금에만 의존한다며 염치가 있으라고 쓴 소리를 내뱉은 전임 대통령에 이어 보조금을 줄여 경쟁력을 높여야 한다는 현직 대통령의 농업관에 농민들은 또다시 가슴을 쓰러 내릴 것이다. 급격한 경제침체 속에 농산물 소비는 줄고 농자재 가격이 상승하는 마당에 농업보조를 줄여야 한다는 소식은 청천벽력과 같은 것이다. 농식품부 장관은 내년까지 보조금 체계를 생산성과 경쟁력을 제고하는 방향으로 전면 재편한다는 방침을 밝혔다.

우리 농업의 국제경쟁력을 높이고 수출농업으로 재편한다는 정부의 방침에 이의를 제기할 사람은 아무도 없을 것이다. 그러나 농업보조금을 줄여 농업의 경쟁력을 제고시킨 뉴질랜드의 사례를 우리에게 적용하는 것은 무리이다. 우리보다 더 많은 보조금을 지불하는 미국이나 유럽의 사례를 우리에게 그대로 적용할 수 없듯이, 뉴질랜드의 농업도 직수입해 쓸 수는 없을 것이다. 뉴질랜드와 같이 농업보조금을 없앤다 하더라도 생산성이 높고 혁신적인 소수의 농민들은 살아남을 수 있을 것이다.

그러나 이는 농업보조금이 농업이 생산하는 다원적 기능에 대한 보상이라는 측면을 간과한 것이다. 무한경쟁에서 살아남은 몇몇 농가를 가지고는 농업이 제공하는 식량안보나 식품안전, 균형적인 지역발전, 전통문화 유지, 홍수방지 등과 같은 중요한 가치를 생산할 수 없다. 농업을 단지 산업으로 보기 보다는 농민과 농촌, 그리고 경제전체와 사회가 존립하기 위한 기반으로 본다면 보조금의 의미를 보다 잘 이해할 수 있을 것이다.

고도성장 과정에서 경쟁력을 잃고 사라져 가는 신발산업이나 석탄산업 등에 보조를 주어 생명을 유지시킨 사례는 전 세계적으로 찾아볼 수 없다. 그러나 농업만은 유일하게 국가에서 보조를 주어 유지시키는 산업이다. 이는 선진국에서 더욱 그렇다. 보조금의 규모가 각 국의 경제적 능력과 농업이 가지는 여건에 따라 다를 뿐, 그 목적은 동일하다. 농업과 농촌의 유지이다. 보조금을 줄여 경쟁력을 높일 수 있다면 미국이나 유럽, 일본은 왜 그렇게 하지 않을까?

농업보조금은 농업이 생산하는 다원적 기능에 대한 보상이자 동시에 농업의 연착륙을 위한 비용이다. 세계에서 가장 빨리 고령화가 진행되는 한국 농업은 머지않아 저절로 구조조정이 될 것이다. 이를 정권이 바뀔 때마다 개혁의 이름으로 밀어붙인다면 엄청난 정치적 갈등과 경제적 비용을 감당해야 한다. 농업의 급격한 붕괴나 기능 상실은 국민경제와 사회 전체에 커다란 손실이 될 것이다. 경기변동과 실업에 취약한 도시가 요즘 같은 경제위기에 농촌의 완충기능을 대신할 수 있을까? 정권의 존립을 위협한 광우병 촛불사태나 세계 식량파동에서 어떠한 교훈도 얻지 못한 것일까?

물론 비효율적이며 선심성의 보조금은 문제가 있다. 낭비를 줄이고 예산의 효율성을 높이는 보조금 제도개편은 반드시 필요하다. 생산성을 높이고 경쟁력을 제고하는 정책의 도입도 지속적으로 이루어져야 한다. 그러나 **농업보조금은 정부의 시혜가 아니라 경제성장 과정에서 있었던 농업의 희생과 역할에 대한 정당한 보상이며, 경제적 불안정과 사회적 갈등에 대한 안전망이라는 관점에서 접근되어야 한다.** 농업보조금의 개편은 농민들에게 제도적 충격을 주기보다는 적절한 곳에 투명하고 효율적으로 사용되어 정책효과를 높이는 방향으로 추진되기를 바란다.

농업보조금에 대한 소고

(전략)

한 가지 분명한 것은 선진국일수록 농업문제는 '순수 시장경제 원리'보다는 정치경제학의 해법이 우선한다는 사실이다. 선진국들은 우리보다 훨씬 경쟁력이 높지만 상당한 재정을 농업에 쏟아 붓고 있다. 지금 우리 정부의 농업에 대한 지원은 어떤가. 보는 시각에 따라 많다는 주장도 있고 부족하다는 주장도 있다. 농업이 어렵고 도시와 격차는 점점 더 커지고 있다는 주장이 있는가 하면 전체 국내총생산(GDP)의 3%도 안 되는 농업에 많은 재정을 투입하는 것은 낭비라는 주장도 있다.

그런데 지금까지 우리는 액수의 많고 적음만 따졌지 그 내용을 정확하게 따져본 적은 별로 없다. 이에 보조금의 정의와 범위를 어떻게 설정할 것인가에 대한 분석과 연구가 필요하다는 점을 강조하고 싶다.

연구개발 비용과 쌀소득보전직불제는 누가 보더라도 같은 성격의 돈이라고 보기 어렵고 소득 효과나 생산에 미치는 효과가 분명히 다르다. 보조금의 범위도 나라마다 기준이 다르다. 정부가 내놓은 농업보조금에는 생산기반 등 인프라 개선, 삶의 질 향상 관련 예산 등이 모두 포함돼 있으나, 세계적으로 가장 널리 쓰이는 경제협력개발기구(OECD)의 보조금 지표인 생산자지지추정치(PSE)에서는 연구 · 개발, 교육 · 훈련, 각종 검사, 생산기반 등 인프라 개선, 공공비축, 유통 지원 등은 보조금에서 제외되고 있다. 농업인들이 생각하는 보조금과 정부가 주장하는 보조금의 격차 해소를 위해서도 보조금의 내용에 대한 제대로 된 분석과 이해당사자들에게 정확하게 알리는 노력이 반드시 필요하다. 농업인들이 원하는 보조금, 산업으로서의 농업을 위해 꼭 필요한 지원, 농촌을 살려 나가기 위한 지원 등 이 모든 것들을 무턱대고 다 뭉뚱그려서 보조금이라고 하는 것은 사실을 오도할 수 있다.

2009. 8. 21 농민신문에 실린 배종하 한국농촌경제연구원 연구위원의 글에서 발췌.
배박사는 농식품부 차관부를 역임했다.

석탄산업, 애물단지?

본문에 "고도성장 과정에서 경쟁력을 잃고 사라져 가는 신발산업이나 석탄산업 등에 보조를 주어 생명을 유지시킨 사례는 전 세계적으로 찾아볼 수 없다."라고 했으나 검토과정에서 이는 사실이 아닌 것으로 밝혀졌다. 석탄산업의 경우, 우리나라에서도 지속적으로 보조를 주고 있었다.

서울신문이 입수한 지식경제부의 내년도 예산안 자료에 따르면 정부는 석탄산업에 5973억 원을 지원할 계획이다. 단위사업별로 보면 ▲석탄수급 안정 2067억 원 ▲광산지역 진흥 2636억 원 ▲광산지역 진흥융자 48억 원 ▲대한석탄공사 지원 530억 원 ▲타에너지 지원 702억 원 등이다.

지식경제부의 석탄산업 통계를 살펴보면 석탄산업에 투입된 2007년 재정지출은 5890억원. 하지만 그해 석탄산업이 일궈낸 부가가치는 4506억원 규모에 불과했다. 자판기에 600원을 넣었더니 450원짜리 음료수가 나온 셈이다. 이 때문에 석탄산업은 에너지 전문가들로부터 "국가 예산을 태우는 애물단지로 전락했다."는 눈총을 받는다.

서울신문 2009.11.05

식품구매권제를 도입하자

2001.10.26 식품신문

금년도 쌀농사가 10년만의 대풍을 이루었으나 농민들은 창고마다 가득 쌓인 재고와 쌀값 하락에 한숨만 쉬고 있다. 전형적인 풍년기근의 사례로 꼽힐 이 같은 현상은 수년간 지속된 생산의 증가와 소비의 감소가 직접적인 원인이다. 그러나 이러한 생산 증가와 소비 감소 뒤에는 양곡 정책의 실패가 숨어 있다. 매년 하락하는 소비추세에도 불구하고 농정당국은 약정수매제와 휴경 억제 등을 통하여 증산정책을 고수해 왔고, 그 결과가 FAO 권장량의 두 배가 넘는 재고량과 쌀값 하락으로 나타나고 있다. 이는 결국 엄청난 농업예산의 낭비와 농민소득 감소를 초래하고 있다. 다급해진 정부는 대북 쌀 지원과 품질위주 정책으로의 전환을 표방하였지만, 대북 쌀 지원은 정치적 논쟁으로 비화되면서 표류하고 있고, 아직 세부계획이 만들어지지 않은 품질위주 양정은 그 효과가 의문시되고 있다.

농업이 쌀과 여타 농산물의 과잉 생산기조로 파산의 위기에 봉착한 한편, 우리 사회의 또 다른 곳에서는 굶주림과 영양실조, 사회적 무관심으로 고통받는 결식아동, 소년소녀가장, 독거노인, 극빈 가정들이 있다. 이들의 문제는 최근의 경제침체와 세계화에 따른 신자유주의 추세 등으로 더욱 심화되고 있다. 세계 12대 경제대국이며 OECD 회원국인 우리나라는 이들 소외계층에 대한 문제를 국민들의 동정심에 기초한 모금에 의존하여 방기하기보다는 정부가 앞장서서 체계적이고 효과적인 사회안전망 도입을 서둘러야 할 것이다. **먹는 문제가 해결되지 않으면 인간으로서 최소한의 존엄성도 지킬 수 없다. 생존을 위협받는 이들 소외계층에 대한 체계적이고 장기적인 대안으로서 식품구매권제의 도입이 이루어져야 한다.**

식품구매권제Food Stamp Program는 미국이 지난 1930년대 대공황을 맞으면서 급속하게 증가하는 극빈 가정과, 특히 경제력과 식품에 대한 접근력이 취약한 아동들에게 최소한의 식품과 영양을 공급하는 한편, 1차 세계대전을 거치면서 급격하게 팽창한 농업생산으로 파산위기에 처한 농민들을 보호하기 위해 도입되었다. 이 제도는 지난 70년 간 미국의 사회복지와 농업보호를 동시에 수행하는 성공적인 정책으로 평가되고 있다. 이 정책은 경제적 한계인 연방빈곤지표Federal Poverty Guideline에 이르지 못하는 저소득 계층에게 식품을 제공함으로써 인간적 존엄성을 유지하게 하고 범죄를 예방할 뿐만 아니라, 결식아동들이 계속적으로 교육을 받을 수 있게 하여 빈곤을 능동적으로 극복할 수 있는 기회를 제공해 준다. 또한 충분한 영양 제공으로 공공의료비를 절감하고, 사회적인 안정을 유지하는 등 다양한 효과를 목적으로 한다.

미국의 식품구매권제는 그 운영이 각종 사회보장제도를 관장하는 보건복지부가 아니라 농무부의 예산으로 집행된다. 2001년도 현재 식품배급제에 할당된 예산은 212억불로서 농업전체 예산의 20%를 차지하고 있다. 이는 이 정책이 소비자의 측면에서보다는 생산자의 측면에서 운영되는 것이 농업부문에 보다 유리하다는 판단에 기인한다. 즉, 식품구매권제는 사회보장 정책적 성격도 있지만 농업 정책적 성격이 더욱 강하다는 것을 의미한다. 미국이 이 정책을 처음 도입할 당시 그 대상에서 가공농산물을 제외하거나 국내산 식료품으로 한정한 사례가 이러한 것을 단적으로 보여준다.

이제 우리도 국내농산물의 소비를 적극적으로 확대하면서 사회의 극빈 계층이 생존과 존엄성을 유지할 수 있도록 식품구매권제를 조속히 도입하여야 한다. 이 제도는 최근 계층, 산업, 지역간 격차가 더욱 심해지는 경제 전체의 균형 성장과 사회 안정을 유지할 수 있는 기틀이 될 것이다. 이를 위한 예산은 기존의 증산위주 정책에 배정되었던 예산을 이용한다면 커다란 무리 없이 도입될 수 있을 것이다. 이제 우리도 경제의 규모뿐만 아니라 국가경영의 시스템 측면에서도 선진화 작업이 필요한 시점에 서 있다.

미국의 식품구매권제도 현황

연도	수급자 수(천명)	1인당 급여액(USD/월)	총비용(백만 USD)
2004년	23,858	85,99	27,098
2005년	25,718	92,57	31,073
2006년	26,672	94,32	32,912
2007년	26,469	95,63	33,193
2008년	28,410	101,52	37,654

자료 : Annual summary of food and nutrition service programs, USDA, 2009

원예 종합보험 도입 서두르자

2008.11.06 내일신문

지구온난화로 인한 기상이변은 세계 농업에 많은 영향을 미치고 있다. 이러한 현상은 우리나라도 예외는 아니다. 지난 광복절 연휴에도 강풍을 동반한 집중호우로 영남일대에 많은 피해가 발생했다. 이러한 기상이변은 유류가격 급등, 농업용 원자재 값 급등으로 농가소득에 큰 타격을 입고 있는 우리 농업인에게 어려움을 가중시키고 있다. 특히 시설원예 농가는 태풍, 폭설 등에 취약한 특성 때문에 경영비 상승으로 인한 소득 하락뿐만 아니라 재해로 인한 피해에도 노출돼 있다. 2002년 태풍 루사와 2003년 매미로 인해 각각 1206ha와 1705ha의 피해가 발생했다. 2004년에는 큰 눈으로 인해 2230ha의 피해를 입는 등 시설원예 농가의 물적, 심적 손해를 이루 말할 수 없을 정도다.

1950년대 도입된 시설원예는 2006년 현재 시설면적 5만1912ha로 1990년의 2만5410ha에 비해 2배 이상 늘었다. 생산액도 4조475억 원으로 전체 채소작물의 약 55%를 차지하는 등 비약적인 발전을 거듭하고 있다. 그러나 원예 시설면적의 약 99%가 비닐하우스로, 태풍이나 폭설 등의 재해로부터 취약하다. 시설 내 농작물의 위험을 보장하는 수단이 미흡해 농가의 경영위험이 커지고 있다. 정부는 재해대책을 통해 원예시설 농가에 대한 지원을 하고 있으나, 지원규모가 피해액에 훨씬 미치는 못하는 형편이다.

현재 재해대책 외에 시설원예 농가에 지원을 할 수 있는 수단으로 **농작물재해보험***과 **풍수해보험***이 있다. 하지만 현행 제도로는 시설원예농가의 경영위험을 효과적으로 관리하기 어렵다. 농작물재해보험은 시설 내 농작물만을 대상으로 하고 풍수해보험은 정부가 고시한 표준규격을 갖춘 비닐하우스나 유리온실의 풍수재해 위험만을 대상으로 하기 때문이다.

비닐하우스나 유리온실은 농작물을 생산하기 위한 농업시설이라는 점에서 현재와 같이 농작물과 생산시설을 분리해 보장하는 것은 위험관리의 효과가 적을 뿐만 아니라, 운영비용 측면에서도 비효율적이다. 따라서 비용과 편익의 관점에서 효율적이고 농업인들에게 실제로 이익이 될 수 있도록 보험제도를 도입하는 것이 시급하다. 현 제도 아래서는 농업인이 농작물과 농업시설물이 지닌 공통의 리스크에 대해 이중으로 보험료를 부담하고 있다. 또한 보험 가입을 위해 각기 다른 금융기관을 방문해야 하는 불편도 감수해야 한다. 만일 농업시설과 농작물의 위험을 한꺼번에 보장하는 보험 상품이 제공된다면 농업인은 보다 저렴한 가격으로 효과적으로 경영위험을 관리할 수 있을 것이다.

정부의 경우도 통합된 보험 상품을 도입하면 예산을 보다 효율적으로 집행할 수 있다. 예를 들어 현 제도 아래서 보험사고가 발생할 경우 각 보험기관이 수행하는 손해평가 비용을 각각 지불해야 하며, 보험운영과 관련된 비용도 각각 지불해야 한다. 따라서 일본의 원예시설공제와 같이 종합보험 상품을 도입한다면 예산집행을 더욱 효율적으로 할 수 있을 것이다.

생산위험은 농업의 안정적인 경영을 저해하는 가장 중요한 요인이다. 농업인이 점점 증가하는 기후재해로부터 안심하고 영농 활동을 할 수 있도록 보다 편리하고 저렴한 위험관리 수단으로서의 종합원예보험이 시급히 도입돼야 한다.

용어해설

농작물 재해보험

'국가재보험'제도가 도입됨에 따라 태풍, 우박 등 자연재해에 따른 피해보상으로 보험사의 손해율이 180%를 넘을 경우, 초과분에 대해 국가가 보험금을 부담하게 하는 제도로서 농작물 재해보험상품은 손해율이 180% 이하의 농작물피해에 대해서는 농협이 25%, 민간보험사가 75%씩 보험금을 부담하고, 손해율이 180%이상인 대규모 피해의 경우 180%를 초과하는 부분에 대해서는 국가에서 부담하게 된다.

풍수해보험

주민이 저렴한 비용으로 보험에 가입하여 풍수해로 인한 국민의 재산피해를 실질적으로 보상할 수 있도록 마련한 정책보험으로 실제 복구비에 준하는 최고 90%까지 보상한다. 대상시설은 주택, 온실, 축사이며, 대상재해는 태풍, 홍수, 호우, 해일, 강풍, 풍랑, 대설 등이다.

농업재해 현황

국내에서 주로 발생하는 재해는 가뭄, 수해, 풍해, 그리고 냉해 등이다. 풍수해는 주로 농작물 생육시기인 5~10월 사이에 발생하는데, 최근 10년 동안의 연평균 피해면적은 감소하는 추세이다. 1986~90년간 176천 ha이던 것이 1991~99년간에는 104천 ha로 크게 줄어들고 있다. 가뭄은 5~6월에는 논(모내기), 7~8월에는 밭(고추, 참깨, 생육시기)에서 주로 발생한다. 용수개발, 관정개발 및 산림녹화 등에 힘입어 피해면적이 감소추세이나 일부 지역에서는 상습적으로 발생하고 있다. 최근 10년(1991~2000년)간의 연평균 피해면적은 17천 ha이다. 우박은 주로 초여름(5~6월)과 초가을 (9~10월)에 국지적으로 발생하는데 최근 10년간의 연평균 피해면적은 7천 ha이지만, 한번 발생하면 그 피해가 크다. 냉해는 7~8월에 찬 성질을 가진 오호츠크해 기단이 세력을 남으로 확장함에 따라 저온 현상이 나타나 농작물에 피해를 주게 된다. 최근 10년간 1988년(12천 ha)과 1993년(234천ha)에 두 차례 발생했다.

지난 10년간(1991-2000) 연평균 농작물 재해발생면적은 157천 ha이며, 풍수해 면적이 94천ha로 전체의 약 60%를 차지하여 농업재해의 대종을 이루고 있다.

주세율 조정의 경제학적 접근

1999.11.09 식품음료신문

최근 주류에 부과하는 세율을 조정하는 문제가 민감한 사안으로 논의되고 있다. 소주나 위스키나 다 같은 증류주이며 이들 주종들이 서로 경쟁관계에 있음에도 불구하고, 소주에는 35%의 낮은 주세를 부과하고 위스키에는 100%의 높은 세금을 부과하는 것이 불공정하다는 EU의 제소를 WTO가 인정함에 따라 소주와 위스키의 세율을 동일하게 조정하여야 하는 것이 논쟁의 시발점이다. 이 논쟁의 쟁점은 위스키와 소주의 세율을 어떤 수준에서 동일하게 할 것인가 하는 것과, 그동안 130%라는 높은 세율을 부과하여 온 맥주에 대한 세율을 차제에 조정할 것인가 하는 것이다. 재경부는 최근 소주와 위스키는 80%로 조정하고, 맥주 세율은 2000년도 120%, 2001년도 110%, 그리고 2002년에는 100%로 인하하는 안을 발표하여, 국회의 결정을 기다리고 있다.

그러나 정부의 최종안이 어떠한 기준에서 결정되었는지 이해하기가 쉽지 않다. 우선 의무조항으로 WTO 결정사항을 받아들여야 하고, 세율조정에 따른 조세수입의 변화도 고려했을 것이다. 또한 불공평한 세율에 대한 맥주업계의 반발과, 음주의 사회적 역기능을 고려하여 독주에는 높은 세율을 부과하고 순한 술에는 낮은 세율을 부과하여야 한다는 죄악세sin tax 논리도 반영되었을 것이다. 그러나 정작 주세율 조정의 당사자인 소주업계와 위스키업계, 그리고 소비자의 입장은 고려되지 않은 것 같다. 우선 EU의 위스키업계는 위스키 세율을 80% 수준으로 조정한다는 정부의 최종안을 받아들일 수 없다는 입장을 표명하고, EU 집행부에 이 안을 거부하도록 요청할 것이라고 한다. 소주업계는 심각한 매출감소로 소주산업 자체가 붕괴할 우려가 있다며 필사적인 저지운동을 전개하고 있으며, 소주의 주소비자인 서민들은 소주가격의 인상을 반대하며당연하게도, 이를 정부의 서민정책이 실종한 것으로 여기고 있다.

우선 조세수입의 논리에서 보자. 정부의 최종안이 발표되던 시점에 나온 스키, 볼링용구에 대한 특소세 폐지, 스키장과 대중 골프장 입장료에 대한 특소세 폐지 등의 정책은 세수의 감소를 우려해 위스키 세율을 인하하지 못하고 소주 세율을 인상한다는 정부의 입장과는 어울리지 않는다. 이는 결국 아직도 사치스러운 레포츠에 속하는 스키, 골프 등의 소비부담을 완화시키기 위하여 주로 서민들의 소비하는 소주에 대한 세금을 인상시키는 것을 의미하는 것이다.

음주의 사회적 역기능 측면에서 보더라도 정부의 최종안은 쉽게 납득할 수 없다. 이 주장의 요지는 독주인 소주가 너무 싸서 소주를 많이 마시고, 따라서 그 피해가 크기 때문에 소주 세율을 올려야 한다는 것이다. 일리가 있다. 그러나 국민들이 과음하는 원인을 저렴한 소주 가격에 두는 단견과 위스키가 소주보다 두 배나 독하다는 사실은 접어 두더라도, 이 논리의 보다 중요한 오류는 맥주도 술이라는 사실을 간과하고 있는 것이다. 맥주도 많이 마시면 소주를 마실 때와 같은 사회적 역기능을 발생시키며, 현재 맥주의 소비량이 소주 소비량의 두 배를 넘을 뿐만 아니라, 맥주가 대중주로서 충분히 싸다는 것이다. 따라서 세율조정으로 소주 가격이 상승하고 위스키와 맥주가격이 하락하면 이들 주종의 소비가 증가할 것이고, 음주의 역기능은 여전히 문제가 될 수 있다.

주세율 조정은 한 산업의 존폐가 걸려 있는 중요한 사안인 문제인 만큼, 경제학적인 접근방법을 통하여 결정하여야 한다. 필자가 주세율 조정의 효과에 관해 최근 수행한 연구의 주요 결과는 다음과 같다. 첫째, 위스키 수요는 자체 가격의 변화에 거의 반응을 하지 않으며, 이는 위스키 가격이 하락하면 그 수요는 거의 증가하지 않고, 따라서 총매출액은 감소한다는 것을 의미한다. 둘째, 주세율 조정에 대한 파급효과가 소주와 위스키간의 상대가격이 아니라 소주와 맥주간의 상대가격의 변화에 의하여 결정된다. 셋째, 맥주의 수요는 맥주 가격의 변화에 매우 민감하게 반응하여, 만약 맥주가격이 하락하면 맥주의 소비는 그 이상 증가한다. 이상의 결과를 바탕으로 정부의 최종안을 계량 분석한 결과, 주세율 조정이 완료되는 2002년 맥주업계의 순매출액은 27.4% 증가하고, 위스키는 2.3% 감소, 그리고 소주는 무려 42.2% 감소하는 것으로 분석되었다. 또한 조세수입은 7.8% 증가하는 것으로 나타났으며, 그 증가분은 소주업계가 부담하는 것으로 분석되었다.

결과적으로 주세율 조정의 가장 커다란 수혜자는 맥주업계와 정부이고, 가장 커다란 피해자는 소주업계가 될 것이다. 그러나 위스키는 말할 것도 없고 맥주도 그 원료의 많은 부분을 외국에서 수입하는 수입 산업인 반면, 소주는 일본에서 가장 커다란 시장점유율을 차지하는 고부가가치 수출산업이다. 1998년도 소주의 수출실적은 5억불을 넘는다. 소주가 서민들의 술이라는 감상적인 면을 차치하더라도, 유망한 수출산업의 기반을 무너뜨릴 수 있는 정책은 신중하게 판단되어야 한다.

필자는 정부안의 대안으로 위스키 세율을 충분히 인하할 것을 건의한다. 위스키 세율이 하락하면 위스키 소비가 급증하여 국내 주류산업 전체가 타격을 받지 않을까 우려할 수 있다. 그러나 위에서 밝힌 바와 같이 위스키 소비는 그 가격의 변화에 민감하게 반응하지 않는다. 이는 우리의 음주 실태를 고려하면 어렵지 않게 이해할 수 있다. 즉 위스키는 85% 이상이 비싼 식당이나 술집에서 소비되며, 그 소비자 가격은 소매가격과 거의 연동되지 않는다. 일례로 위스키 세율만 35%로 인하하는 경우, 소주의 매출이 3.5%, 맥주 0.8%, 위스키 18.2% 증가하며, 주세 수입은 2.8% 감소하는 것으로 분석되었다. 이는 필자가 고려한 다른 어떤 경우보다 각 업계에 주는 충격이 적은 대안이었다. 맥주업계가 불만스러울 수 있으나, 국내 맥주 3사는 우연히도 모두 소주 생산자이다. 가장 공평한 것이 가장 좋은 정책일 수 있다. 객관적이고 합리적인 논리가 적용되어야 한다.

주류별 세율 비교(주세법상)

구분		세율
발효주류	탁주(막걸리)	5%
	약주 · 과실주	30%
	청주	30%
	맥주	72%
증류주류(소주 등)		72%

막걸리 시장 업체별 점유율 (2009년 기준)

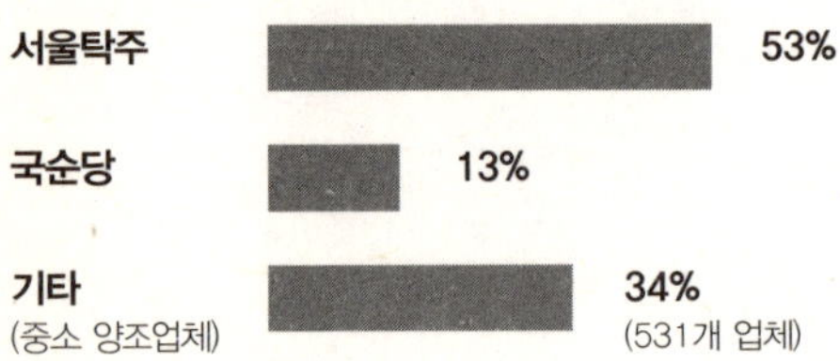

소주와 위스키는 같은 시장에서 경쟁하는가?

EU의 제소 이유는 소주는 위스키와 같이 증류주이며, 따라서 같은 시장에서 경쟁하는데, 한국정부가 소주업계를 보호하기 위해 위스키에 소주보다 부당하게 높은 주세를 부과한다는 것이다. 이는 WTO의 핵심 운영원칙인 모든 수입품에 국산품과 동등한 경쟁의 기회를 제공해야 한다는 내국인대우원칙(principle of national treatment)을 위반한 것이라는 주장이다.

이 분쟁의 핵심 쟁점은 소주와 위스키가 같은 시장에서 경쟁하는 대체재인가의 여부에 있다. 이 의문에 대해 WTO의 판단은 'yes'였다. 즉, 소주가격이 오르면 대체재로 위스키를 마시거나 소주가격이 내리면 위스키를 마시던 사람이 소주를 마신다는 것이다. 이 판정은 소주를 마시는 대부분의 한국 사람들에게는 웃기는 얘기가 아닐 수 없다. 그러나 판정은 내려지고, 주세율은 조정되었다.

그러나 위기가 곧 기회라고 하였던가, 가장 큰 피해를 입은 소주업계는 다양한 상품기획과 공격적인 마케팅으로 여전히 건재할 뿐만 아니라, 국민주로서의 위치와 주요 수출상품으로서의 역할을 담당하고 있다. 우리 농업에 주는 시사점이 적지 않다.

소주 저도화

소주 알코올 도수가 낮아질수록 소비량이 증가한다. 소주는 더 이상 위스키와 경쟁하지 않는다는 것을 의미한다.

자료: 국세청

막걸리 부활과 와인 수출국의 심사

최근 막걸리가 '우리술'로 다시 부활했다. 기술개발과 함께 막걸리의 품질이 몰라보게 좋아진 것이 중요한 원인일 것이다. 쌀 소비촉진의 일환으로 정부에서 막걸리 소비에 앞장 선 것도 한 몫을 했을 것이다. 이명박 대통령과 하토야마 유키오 일본 총리가 9일 정상 오찬에서 막걸리로 건배한다. 막걸리는 최근 한류 바람을 타고 건강식으로 알려지면서 일본에서 인기를 끈 이후 아시아권은 물론 국내에서도 소비가 증가 추세에 있으며, 이번에 정상들의 식탁에까지 오르게 된 것이다.

한류바람을 타고, 또는 한류의 새 바람으로 막걸리 수출도 늘고 있다. 지난해 막걸리 수출량은 5천457*kl*로 4년 새 143.1% 증가했고, 특히 일본 수출은 4천892 *kl*로 136.4% 증가했다. 국내에서 치러진 국제회의에 막걸리가 등장하는가 하면 국내 특급 호텔에서도 막걸리를 취급하기 시작했다. 막걸리의 부활에 와인 수출국의 심사가 결코 편할 리 없을 것이다. 막걸리 세계화를 추진하는 정책당국은 와인 수출국의 딴지걸기에 각별히 신경 써야 한다. 제 2의 소주 분쟁이 일어나지 않도록.

보따리 무역의 경제학

2001.09.03 식품신문

최근 중국을 오가는 보따리 무역을 통한 농산물 반입이 급증하여 국내 시장을 교란시키는 등 여러 가지 문제를 야기하고 있다. 보따리 무역은 여행객들이 법적으로 휴대할 수 있는 한도 내에서 이루어지기 때문에 밀수나 불법 무역과는 차이가 있다. 그러나 이러한 편법에 의한 반입이 농산물 검역과정을 피할 수 있기 때문에 궁극적으로 국내 생산을 위축시킬 뿐만 아니라 소비자들의 건강을 위협할 수 있다는 점에서 문제는 심각하다고 할 수 있다. 농산물 수집상들이 조직적으로 보따리 상인들을 운영하여 그 유통물량이 정상적인 무역을 위협하고 국내 생산을 위축시키는 수준이라면 이 문제에 대한 올바른 진단을 바탕으로 한 합리적인 처방이 있어야 하겠다.

보따리 무역은 자본이 이윤을 추구하는데 얼마나 유능한가를 보여주는 사례가 된다. 이러한 무역은 기본적으로 관세나 기타 무역장벽으로 인한 국내외 가격차이가 너무 크기 때문에 존재한다. 보따리 무역은 당연히 정식 절차를 걸친 무역에 비하여 비용이 많이 든다. 우선 수집상이 보따리상을 고용하기 위해서는 왕복 여비에 마진을 보장하여야 하며, 수많은 소규모 반입량을 수집하여 시장에 유통시키는 비용은 규모의 경제가 이루어지는 대규모 수입에 비하면 매우 클 것이다. 그럼에도 불구하고 정식 루트 대신 이러한 탈법적인 절차를 통해 수입하는 것은 추가적인 유통비용이 정상적인 무역에 소요되는 관세를 포함한 통관비용보다 적기 때문이다. 밀수의 경우에는 적발 시의 형사 처벌을 포함하여 더욱 많은 비용이 요구되지만 그로 인한 추가적인 수익이 더욱 크기 때문에 이루어지는 것이다. 즉 밀수나 보따리무역과 같은 불법적이거나 탈법적인 무역은 관세를 포함한 수입비용이 크면 클수록 이에 비례하여 증가하는 자본의 이윤추구 본능에 의한 경제활동이라 할 수 있다.

보따리 무역으로 인한 국내 생산자들의 피해를 줄이고 식품안전성을 확보하기 위해서는 두 가지 접근방법이 있을 것이다. 첫째, 정식 루트를 통한 수입비용을 줄이는 것이다. 현재 보따리 무역의 대상이 되는 참깨, 고추, 마늘 등의 수입에 부과되는 관세가 너무 높기 때문에 정식 루트를 거친 수입보다는 보따리상을 통한 수입이 이루어지는 것이다. 관세를 높게 부과하는 것은 국내 생산을 보호하기 위한 것이다. 그러나 이러한 고율 관세가 보따리 무역이라는 편법을 초래하여 국내 생산자를 보호할 수 없을 뿐만 아니라 관세수입이 수집상들의 이윤으로 전가된다면, 차제에 관세를 현실화하여 농산물 안전성을 제고시키는 동시에 관세수입을 확보하는 것이 보다 합리적인 정책방향이 될 수 있다. 이를 통한 관세수입은 국내 생산자들의 경쟁력 제고를 위하여 이용한다면 주어진 여건 하에서 최선의 대안이 될 것이다. 그러나 이 접근방법은 국내 생산자들의 정서상 시행하는데 어려움이 있을 수 있다. 특히 최근 **한중 마늘 분쟁***으로 인한 국내 농민들의 피해의식은 이러한 대안을 선택하는데 장애가 될 수 있다.

두 번째 접근방법은 보따리 무역의 비용을 증가시키는 것이다. 이를 위해서는 휴대 가능한 반입허용 규모를 축소시키고, 소규모 반입에도 검사와 검역을 강화함과 동시에 원산지증명을 보다 철저하게 시행하여야 할 것이다. 이러한 방법은 보따리 무역의 비용을 증가시켜 보따리 무역으로 인한 수익의 여지를 축소시킬 것이다. 그러나 이 방법도 정부의 운영비용이 추가적으로 소요되는 문제가 수반된다.

정책당국이 보따리 무역을 근절하여 국내 농산물 시장의 교란을 막고 소비자들에게 안전한 식품을 공급하기 위해서는 보따리무역의 비용을 증가시키는 동시에 합법적인 수입의 비용을 감소시키는 전략을 병행하는 것이 주어진 여건

하에서 선택할 수 있는 차선의 방법이 될 것이다. 이와 함께 식품안전성을 제고하기 위한 소비자들의 자발적인 감시와 견제가 필요하며 농산물 유통상인들의 이익을 추구하는 자본본능보다 높은 품격의 상도덕이 요구된다.

용어해설

한-중 마늘분쟁

고율관세를 피해 편법으로 가공된 중국산 마늘 수입이 급증하여 국내 농가의 피해가 커지자 정부는 산업피해대책의 일환으로 2000년 6월 1일 중국산 냉동마늘과 초산조제마늘에 대해 315%의 긴급관세를 부과하였다. 중국은 이에 대한 보복조치로 한국산 휴대폰과 폴리에스테르의 수입을 전면 중지하여 한국과 중국 농업뿐만 아니라, 한국 농업과 산업 간의 갈등을 야기했다.

국제무역 규범에 의하면 무역마찰이 발생했을 경우 동종업계에서 비슷한 규모의 보복조치를 취하는 것이 관례임에도 불구하고 중국은 1,000만 달러 규모의 마늘수입에 대하여 5억 달러 규모의 전혀 다른 품목의 수입을 금지하는 부당한 조치를 감행하였다. 중국과 산업계의 요구에 굴복하여 중국산 마늘 수입을 허용하는 것으로 타결된 한-중 마늘분쟁은 우리 정부와 산업계가 농업을 보는 시각을 적나라하게 드러내는 계기가 되었다.

복병

상해에서 공항으로 가는 길목에 한국 사람들을 대상으로 중국산 농산물을 파는 농협마트라는 이름의 전문 상점이 있다. 이 상점에서는 모든 한국 방문객들에게 미리 포장된 중국산 깨를 한 가방씩 안겨 보내고 싶어 한다. 이래저래 한국 농민만 죽어라 한다.

상해 농협마트

밀수의 경제학 : 해설

밀수는 항상 이루어진다, 만약 편익이 비용보다 클 경우. 밀수의 편익은 정상적으로 수입할 경우 물어야 할 관세를 비롯한 각종 세금이 된다. 밀수의 비용은 밀수를 하기 위해 추가로 들어야 할 비용과 적발되었을 경우 치러야 할 비용으로 구성된다. 예를 들면, 금을 밀수하기 위해 다른 상품으로 위장하는데 드는 비용이나 마약을 밀수하기 위해 이중, 삼중 포장하여 생선의 배를 가르고 집어넣고, 비정상적인 운송수단을 이용하는데 드는 비용이 전자이다. 후자는 적발되었을 경우 지불해야 하는 비용이다. 밀수품을 모두 압수당하는 것은 물론이고, 벌금이나 징역형에 처해질 수도 있다. 법으로 금지된 밀수를 하는데 드는 양심의 가책(혹시 있다면)도 비용에 해당할 것이다.

밀수에서 얻는 편익이 밀수에 드는 비용을 초과하는 한 밀수는 이루어질 것이다. 밀수를 근절하기 위해서는 밀수에서 얻는 편익을 줄이거나 비용을 높여 비용이 편익보다 크게 만들어야만 가능하다.

밀수의 경제학은 모든 암거래에 적용될 수 있다.

제4장

식량주권을 확립하자

'식량주권 확립' 절실하다

2008.08.27 농민신문

2007년 봄부터 1년 넘게 천정부지로 오르던 국제곡물가격이 최근 하향 안정세를 보이기 시작했다. 그간 기대 이상의 수익을 실현한 국제투기자본이 상품시장을 빠져나간 것이 주요인이라고 분석된다. 곡물가격 급등에 의한 수요 감소도 일정한 역할을 했을 것이다.

그러나 국제곡물시장은 여전히 불안정하다. 수확기를 앞둔 대규모 수출국의 작황은 불투명하며, 기상악화나 병충해 소식은 언제라도 가격 상승의 불길을 당길 수 있다. 가격 폭등을 촉발시킨 미국과 유럽의 바이오에너지정책도 여전히 유효하다. 주요 수출국의 식량 확보를 위한 무역제한정책도 복병이 될 수 있다.

최근의 곡물가격 폭등은 식량문제에 대한 일반의 인식을 크게 바꾸어놓았다. 경제성장이 식량안보를 온전히 지켜주지 못한다는 것과 자유무역이 식량문제를 해결할 수 있다는 주장도 허구임을 이해하기 시작한 것이다. 휴대전화와 자동차 수출을 위해 농산물을 수입할 수밖에 없다던 경제 관료와 경제학자들도 식량문제가 더 이상 경제적인 문제에 국한된 것이 아니라는 것을 언급하기 시작했다.

식량문제에 대한 인식의 변화는 전 세계적인 현상이다. 일본은 법으로 정해진 식량자급률 목표를 최근 상향 조정해 50%로 수정했다. 세계 식량문제의 진원지인 중국도 7월 95%의 식량자급률 목표를 천명했다.

2002년부터 7년간의 우여곡절을 거친 도하개발아젠다DDA 협상이 타결 직전 결렬되고 말았다. 개발도상국에 부여할 **특별수입제한**SSM* 조치의 발동 요건이 핵심 쟁점이었다. 미국은 과거 3개년 대비 수입이 40% 이상 증가할 경우 수입을 제한하기 위한 긴급관세를 부과할 수 있도록 하자는 데 반해, 인도와 중국 등 개도국은 10%를 발동 요건으로 요구했다. 얼핏 과도해 보이는 인도와 중국의 요구는 작금의 식량사태를 겪으면서 식량안보가 정권의 유지와 국가의 지속적 성장에 직결된다는 교훈에 기인했을 것이다.

최근 러시아 · 우크라이나 등 주요 밀 수출국들이 석유 수출을 통제하는 석유수출국기구OPEC와 같은 조직 결성을 구상 중이라고 한다. 세계 인구 절반의 주식인 밀의 수출을 조직적으로 통제한다면 지구촌에 미치는 충격이 석유 **카르텔**cartel*보다 훨씬 파괴적이고 위험하다. 문제는 이 같은 구상이 처음이 아니라는 것이다. 세계 최대의 곡물수출국인 미국 · 캐나다에서도 이러한 제안이 시시때때로 등장한다. 만약 러시아의 구상이 가시화된다면 식량무기화가 전 세계적인 현상이 될 것이다. 이는 상상하기조차 끔찍한 사태로 이어질 것이다.

이러한 상황에서 **우리의 대응방안은 단지 식량안보를 확보하는 데 그치는 것이 아니라 식량주권 회복을 위해 노력해야 한다. 우리는 현재 식량주권을 갖고 있지 못하다. 세계무역기구(WTO)의 출범과 함께 식량생산정책과 무역정책이 무장해제되고 있기 때문이다.** 우리의 의지와 전략에 의한 식량안보 유지는 불가능한 상태다. 최근의 식량사태를 겪으면서 우리는 식량문제 해결에 있어서 WTO의 한계와 무력함을 똑똑히 목격했다. WTO가 지향하는 자유무역체제는 인간의 생존과 존엄성의 근간인 식량문제를 해결해주지 못함도 확인했다. '식량수출국기구'가 논의되는 상황 하에서 국가존립과 국가경영에 최우선적으로 필요한 식량안보를 우리 스스로 지킬 수 있어야 한다. 이는 식량주권의 회복에서 비롯돼야 한다. 최근 식량파동을 겪으면서 얻은 교훈이다.

용어해설

특별수입제한(Special Safeguard Mechanism)

급격한 수입 증가로 인한 국내산업의 피해를 보호하기 위해 긴급관세를 부과할 수 있는 권리로, DDA 협상에서 개도국의 식량안보, 농촌개발, 생계유지를 위해 특별히 부여할 것이 논의되고 있다.

카르텔(cartel)

어떤 상품이나 상품군의 생산이나 판매를 소기의 목적에 따라 제한하거나 독점력을 행사하기 위해 조직된 회사나 개인의 연합체이다. 참여기업은 목적달성을 위한 공동정책을 시행하지만, 각각 독자적인 사업체의 성격을 지니며 독립된 재정을 유지한다는 점에서 참여기업의 독립성이 거의 상실되는 트러스트(trust)와 구분된다. 카르텔을 이루는 주된 이유는 산업 내의 '파괴적인' 경쟁을 막고 독점적 지위를 얻기 위함이다.

2008년 식량파동 당시 수출국들의 수출제한 사례

(양승룡, 농업경제학회 발표논문, 2008.6)

종류		조치내용	적용기간
러시아	보리, 밀	수출세(밀 40%, 보리 30%)	07.11.12~08.04.30
	곡물	카자흐스탄, 벨라루스로 수출 금지	08.02.18~08.04.30
베트남	쌀	수출규제	
세르비아	밀, 옥수수	수출금지	07.08.04~08.03.05
	소백분, 분쇄옥수수	수출할당	07.11.04~08.03.05
아르헨티나	밀, 옥수수, 대두	수출세	07.11.08~
우크라이나	밀, 보리, 옥수수	수출할당	07.11.01~08.03.31
이집트	쌀	수출규제	
인도	밀, 밀제품	수출금지	07.02.09~(무기한)
	밀	최저생산자가격인상	08.09년도의 밀
	밀	민간 수입분 관세철폐	무기한
	쌀	수출하한가 설정(1,000달러/톤)	2007.10~
중국	곡물, 제본(84품목)	수출세 환급 취소	07.12.20~
	곡물, 제분(57품목)		08.01.01~12.31
	곡물, 제분	수출할당	08.01.01~
	쌀	수출세 및 수출쿼터제	08.01.01~
카자흐스탄	밀	수출량의 20%를 국내판매로	07.10월 상순~
	밀	수출세 부과(110만부설)	08.02.25~
파키스탄	밀, 소맥분	수출세, 아프가니스탄으로 수출금지	07.09~
호주	사료곡물	수입허가(긴급조치)	07.11 공포
EU	곡물(일부 제외)	관세 철폐	08.01.11~06.30

애그플레이션과 식량안보

2008.03.02. 서울경제신문

메릴린치Merrill Lynch가 만들고 국내 모 유명 방송인이 에그플레이션eggflation으로 혼동해 더욱 유명해진 신조어 **애그플레이션**agflation*이 전 세계 식량상황뿐만 아니라 경제성장에도 어두운 그림자를 드리우고 있다. 농산물가격의 상승에 기인한 인플레이션이라는 뜻의 애그플레이션은 대부분 국가의 물가지수에서 차지하는 농산물가격의 낮은 비중을 고려할 때 농산물가격이 얼마나 폭등해야 발생하는지를 어렵지 않게 가늠할 수 있다.

2007년 봄부터 시작한 국제 농산물가격의 폭등세는 지난 한달 새 100%나 상승했고 지난 25일에는 단 하루 동안 밀 선물가격이 20%나 상승해 부셸당 23달러를 훌쩍 넘기면서 전 세계를 경악하게 했다. 주요 농산물 수출국인 카자흐스탄의 수출세 부과로 촉발된 투기적 수요는 당분간 지속돼 적어도 앞으로 1~2년은 국제 곡물가격이 예전 수준으로 하락할 가능성이 상당히 낮다. 이런 국제 곡물가격 급등은 비단 밀 가격에 그치는 것이 아니라 옥수수와 대두, 쌀 등 곡물과 곡물을 이용해 생산하는 소고기, 달걀, 우유 등 축산물 가격 폭등으로 이어지고 있다.

작금의 애그플레이션은 2년 연속 발생한 주요 수출국들의 흉작이 기폭제가 됐다. 그러나 이러한 일시적인 요인보다 장기적이고 구조적인 요인들이 시장상황을 더욱 어렵게 만들고 있다. 국제 곡물시장을 압박하는 가장 중요한 원인은 미국을 비롯한 선진국의 바이오에너지 정책을 들 수 있다.

국제유가가 100달러를 돌파할 것으로 전망되면서 주요 선진국들과 중국, 인도, 브라질 등 고도 경제성장국들이 옥수수나 대두 등을 주원료로 하는 바이오에너지 사용을 확대시키면서 식량용 곡물의 수급에 심각한 불균형을 초래했다. 여기에 중국을 비롯한 아시아 국가들의 경제성장에 따른 식량소비의 절대적 증가와 사료를 이용하는 축산물 소비의 증가가 세계 식량수급에 구조적인 문제를 야기하고 있다.

1950년대 녹색혁명 이후 농산물 가격은 하향 추세선을 중심으로 주기적으로 순환하면서 변동해왔다. 이상기후로 인한 일시적인 수급불균형은 생산조정을 통해 2년 이상 지속되는 경우가 드물었다. 그러나 최근의 애그플레이션은 구조적인 문제로 상당 기간 유지될 것으로 전망된다. 100달러를 넘나드는 고유가시대에 수소연료 등 보다 저렴한 대체에너지가 등장하기 전까지는 바이오에너지가 유일한 대안이 될 것이다.

연 10%가 넘는 중국의 경제성장과 조만간 중국을 능가할 인구대국이 될 인도의 인구증가세도 국제 곡물시장에 구조적 수급불균형을 초래할 것이다. 공급 측면에서는 지구온난화로 인한 이상기후가 일시적인 현상이 아니라 구조적인 패턴으로 고착화될 경우 국제 식량상황은 엄청난 혼란에 빠질 것으로 우려된다.

애그플레이션은 선진국에 비해 **엥겔지수***가 높은 아시아나 아프리카 개발도상국에 보다 심각한 문제가 될 전망이다. 아직 소득의 20%를 식품소비에 사용하고 식량자급률이 27%에도 미치지 못하는 우리의 경우도 애그플레이션은 사회적 안정을 해치고 경제성장의 발목을 잡는 복병이 될 소지가 많다. 현재 진행 중인 세계무역기구WTO 도하개발어젠다DDA 협상과 미국과 유럽, 중국과의 자유무역협정FTA은 국내 식량생산기반을 더욱 취약하게 할 것이다.

전 세계 농업에 더없는 황금시대를 가져온 애그플레이션은 역설적이게도 우리에게 식량안보의 중요성을 다시 한번 일깨워주고 있다. 수출국의 식량무기화는 안정적인 식량자급률과 국내 농업기반이 국가안보와 지속적인 경제성

장의 전제가 됨을 시사한다. 외국의 값싼 농산물에 의존하는 식량 수급정책은 우리가 택할 수 있는 대안이 아님을 인식해야 한다.

만성적으로 높은 농산물가격은 높은 원유 및 원자재 가격과 함께 우리 경제를 장기적인 침체의 늪에 빠지게 할 수 있다. 기름과 원자재가 없는 우리의 입장에서 적어도 식량문제에서만은 식량무기화의 조짐을 보이는 수출국들과 저소득층의 생존을 위협하는 국제 투기세력으로부터 식량안보를 지킬 수 있어야 한다. 이를 위해서는 적극적인 해외식량개발과 선물시장을 이용한 안정적 조달능력의 제고가 중요한 과제이다. 또한 일본과 같이 식량자급률을 법제화해 농업기반을 유지하는 데 총력을 기울임으로써 국민을 안심시키고 지속적 경제성장의 초석을 다져야 할 것이다.

용어해설

애그플레이션(Agflation)

농업(agriculture)과 인플레이션(inflation)을 합성한 신조어다. 농산물 가격상승으로 인해 일반 물가도 오르는 현상을 의미한다.

엥겔지수(Engel Index)

가계의 소비 지출 중 식료품 지출이 차지하는 비율을 말한다. 식료품은 소득 수준에 관계없이 일정 부분을 소비해야 하는 필수품이다. 따라서 소득이 높은 가계일수록 상대적으로 엥겔계수는 낮아지고, 저소득 가계일수록 엥겔계수는 높아진다. 이를 '엥겔의 법칙'이라고 하며, 엥겔지수로 소득의 상대적 수준이나 후생상태를 가늠할 수 있다.

메릴린치(Merrill Lynch)의 몰락

94년 역사의 메릴린치는 미국에서 랭킹 3위의 투자은행이었다. 투자은행은 돈이 필요한 사람에게 대출하는 전통적인 은행의 여신업무를 넘어 공격적인 투자를 통해 수익을 창출하는 월스트리트의 총아였다. 이런 메릴린치가 서브프라임 사태의 후폭풍을 견디지 못하고 협상 48시간 만에 BOA(Bank of America)에 매각되었다.

2008년 전 세계를 강타한 미국발 금융위기는 추악한 자본의 탐욕과 첨단 금융기법의 오만함이 일으킨 재앙이었다. 이 사태는 1930년대의 대공황이나 1980년대의 미국 금융위기와는 그 원인이나 충격이 전혀 다른 것으로 경제에 대한 새로운 시각을 요구하고 있다. 지금 이 시각에도 세계 각지에서 10억 명에 이르는 사람들이 기아와 영양실조로 고통 받는 현실에서 식량과 같은 인류생존의 필수재마저 투기의 대상으로 삼는 헤지펀드와 투자은행이 다시는 횡행하지 못하도록 각국 정부의 철저한 감독과 제도적 장치가 필요하다.

미 금융위기 사태 일지

2007.6.14	베어스턴스자산운용(BSAM) 산하 헤지펀드 파산 가능성 제기
2007.6.22	베어스턴스 소속 헤지펀드 2곳 32억 달러 긴급 투입
2007.7.10	무디스 스탠더드앤푸어스(S&P), 12억 달러 규모 모기지담보증권(MBS)에 부정적(Negative) 등급 부여
2007.7.18	베어스턴스 헤지펀드 2곳 자본잠식
2007.8.16	컨트리와이드파이낸셜 115억 달러 긴급 투입
2007.10.15	씨티그룹 3.4분기 서브프라임 모기지 및 부채담보부증권(CDO) 손실로 22억 달러 상각
2007.10.24	메릴린치 3분기 79억 달러 상각 발표
2008.1.11	BOA, 모기지업체 컨트리와이드 인수
2008.3.17	JP모건, 베어스턴스 인수
2008.9.7	美정부, 패니메이 프레디맥 구제대책 발표
2008.9.14	BOA, 메릴린치 인수
2008.9.15	**리먼브라더스 파산보호 신청 발표**

연합뉴스 2008.9.15일자(장성구 기자)

미국의 바이오에탄올 정책이 옥수수 가격에 미치는 효과

(양승룡, 농업경제학회 발표논문, 2008.6)

필자의 분석에 의하면 미국의 바이오에탄올 정책이 없을 경우 국제 옥수수 가격은 톤당 90-100달러로 안정적인 반면, 미국의 정책을 고려할 경우 160달러(최고 180달러)까지 상승하는 것으로 예측되었다.

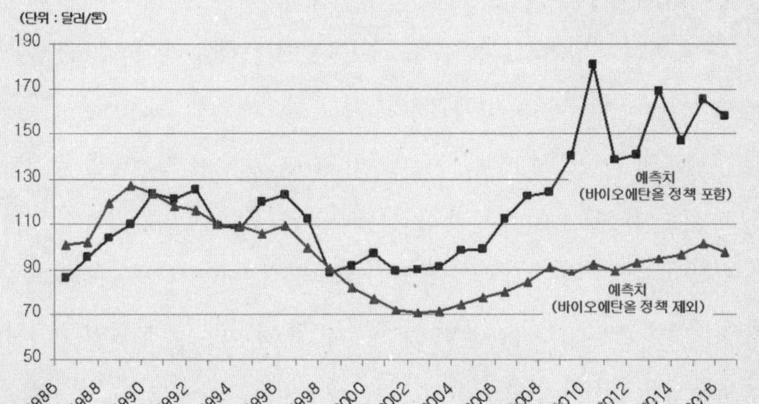

1986-2006년 자료를 이용한 옥수수가격 예측결과 : 2007-2016년

'곡물파동' 선물거래로 대처하자

2008.05.07 농민신문

최근 국제 곡물가격이 천정부지로 치솟으면서 선물시장을 이용한 가격위험 관리가 효과적인 대응책으로 제기되고 있다. 불과 1~2년 전만 하더라도 높은 가격을 향유하던 양돈농가가 사료값 급등과 돼지고기값 하락을 감당하지 못해 큰 어려움을 겪고 있다. 만약 1년 전에 돼지고기나 수입 옥수수를 선물시장에서 거래할 수 있었다면 오늘날 양돈농가들을 최악의 사태로부터 보호할 수 있었을 것이다.

농산물가격의 불확실성을 관리하는 방법으로 **유통명령제***를 통한 물량조절과 **채소수급안정제도***, 농업관측 시스템 구축 등이 있다. 그러나 이러한 접근방법은 많은 비용을 요구할 뿐만 아니라 그 효과도 의문시된다.

보다 효과적인 방법으로는 선물거래를 통해 위험을 제거하는 헤징을 들 수 있다. 선물거래란 흔히 '밭떼기'라고 하는 선도거래를 표준화해 '선물거래소'라는 제도적 시장에서 거래하는 것이라 할 수 있다. 선도거래를 밭에서 하지 않고 선물시장에서 할 경우의 장점은 매우 크다. 우선 밭떼기는 개개의 농민과 수집상 간에 이뤄지기 때문에 농민들이 가격을 고정시키는 대가로 수집상에게 지불하는 보상위험 프리미엄이 매우 클 뿐만 아니라, 그 보상이 얼마나 적정한 수준인지 알기가 어렵다.

이에 반해 **선물거래는 표준화된 상품을 많은 투자가가 거래하기 때문에 위험 프리미엄이 상대적으로 적을 뿐만 아니라, 거래가 시장의 모든 정보를 반영해 결정되기 때문에 가격효율성이 제고된다.** 무엇보다도 밭떼기의 고질병인 계약 불이행의 위험이 전혀 없다. 이러한 장점들로 인해 미국에서는 이미 150년 전부터 농산물 선물거래가 활발하고, 유럽과 일본 · 중국 등 세계 각국도 선물시장을 개설해 농민을 비롯한 관련업계가 농산물가격의 불확실성에서 오는 위험을 스스로 관리할 수 있는 기회를 제공하고 있다.

우리나라에도 1999년 선물시장이 개설돼 금리와 환율 · 주가지수 등 금융상품을 중심으로 운영 중이다. 그러나 농산물은 아직 선물시장에서 거래되고 있지 않다. 최종 생산물이나 사료 등의 커다란 가격 위험 아래서도 농가가 안심하고 경영할 수 있도록 학계에서는 선물시장에 상장시킬 수 있는 품목에 대한 연구를 수행했고, 그 결실로 선물거래소에 돼지고기의 상장을 추진하고 있다.

돈육선물의 상장은 현재 정부의 최종 승인을 기다리고 있다. 그러나 2005년부터 추진된 돈육선물 상장이 이런저런 이유로 관련 부처들의 책상을 3년 넘게 전전하고 있고 아직도 대기 상태다.

농산물가격 상승이 인플레이션을 유발한다는 애그플레이션 시대에 돼지고기를 위시해 한우나 옥수수 · 채소 등 다양한 농산물이 선물시장에 상장돼 우리 농가의 경영 위험을 없애고, 식량수급의 안정에 기여해야 할 것이다. 이를 위해서 농식품부와 금융감독 당국은 규제와 비능률의 전봇대를 빨리 뽑아내고 국민과 농업을 위한 신속하고 효율적인 행정을 펴주기를 바란다.

특히 주무부서인 농림수산식품부는 농산물 선물시장의 역할과 중요성에 대해 충분히 이해해 다양한 선물상품 개발을 지원하고, 필요하다면 일본과 같이 독자적인 농산물 선물거래소 설립 등에 대해서도 적극적인 노력을 기울여야 할 것이다.

용어해설

유통명령제(marketing order)

부패나 변질되기 쉬운 농수산물의 현저한 수급불안정을 해소하기 위해 농림수산식품부가 정하는 생산자 또는 생산자단체의 요청이 있을 때, 공정거래위원회와 협의를 거쳐, 일정 기간 동안 일정 지역의 해당 농수산물의 생산자에 대해 생산조정 또는 출하조절 하도록 명령을 발하는 제도이다. '농수산물유통 및 가격안정에 관한 법률(농안법)'에 근거한 이 제도는 시장의 과잉공급을 제어하여 시장가격을 조절하는 근본적인 목적을 지닌 강제적인 수급조절정책으로 대공황기인 1930년대부터 도입한 미국을 비롯하여 캐나다, 프랑스 등 선진국에서 주로 활용하고 있다.

채소수급안정사업

채소농가의 경영위험을 보다 체계적으로 관리할 수 있는 제도적 장치로 1995년에 도입된 정책이다. 이 사업은 정부와 농협이 무이자로 조성한 자금으로 산지농협(또는 영농법인)이 농가와 계약재배 등을 통해 채소류의 생산 및 출하를 조절함으로써 가격 급등락 시 산지폐기, 저온저장, 비축수매 등 수급안정대책을 추진하여 채소류의 수급 및 가격안정을 도모하는 목적을 가진다.

채소수급안정사업은 농가와 농협(또는 영농조합)이 자율적으로 계약가격과 가격범위를 결정하고, 만약 시장가격이 가격범위를 벗어날 경우 계약가격에 그 차액을 일정 비율로 가감하여 정산한다. 계약가격으로 생산물을 인수한 농협(또는 영농조합)은 시장상황을 판단하여 적절한 출하조절을 통해 시장의 충격을 완화시킨다. 생산은 농민, 출하 및 마케팅은 농협에서 분담하여 실시함으로써 농민은 생산에만 집중할 수 있게 유도하고, 생산자단체는 시장교섭력을 키워 산지상인에 대응하기 위한 방안으로 도입되었다.

돈육선물 상장되다.

오랜 노력 끝에 돈육선물이 2008년 7월 상장되었다. 그러나 양돈업계의 활용이 여전히 부진하다. 2009년 전 세계적으로 유행하였던 신종 플루(N1H1)의 당초 이름은 돼지독감(swine flu)였다. 사상 최고가를 경신하던 돈육가격이 순식간에 20% 이상 폭락하였다. 돈육가격이 높을 때 선물로 헤지를 한 농가들은 아무 문제가 없었으나, 그렇지 못한 농가들은 천당에서 지옥으로 떨어졌다.

농가의 입장에서는 가격이 좋을 때 선물시장을 이용한 헤지 전략이 필요하다. 가격 하락에 대비하여 매도 헤지를 하면 된다. 햄 등 가공회사들은 가격이 낮을 때 가격상승에 대비하여 매수 헤지를 하면 아무리 가격이 상승해도 낮은 가격으로 고정(lock-in) 시킬 수 있다. 선물시장이 필요한 이유이다.

© 금융투자협회, 한국상품선물연구회

세계 식량수급의 현황과 전망

1996.10 삼성인재제일

식량문제는 오랜 기간 동안 인류가 당면한 가장 중요한 문제였다. 20세기 중반이후 녹색혁명에 힘입은 새로운 농업기술의 개발과 응용으로 전 세계적으로 식량문제가 상당 부분 완화되었으며, 인구가 적었던 수세기 전과 비교할 때 상대적으로 개선된 식생활을 영유할 수 있었다. 그러나 1970년대 후반부터 1980년대에 걸쳐 생산과잉을 나타내었던 전 세계 곡물생산이 1988/89 **곡물년도***를 고비로 정체상태를 나타내기 시작하였다.

최근 지구의 각 지역의 이상기후와 경지면적의 감소, 수확량 증가의 정체, **지속적 농업생산***, 농업생산의 구조적 변화 등의 이유로 식량생산이 격감하면서 전 세계의 식량재고가 UN의 세계식량기구FAO가 권장하는 최저곡물재고 수준에도 미치지 못하는 수준으로 하락하였다. FAO는 각국의 안정적인 식량공급을 위하여 대체로 소비의 2개월분을 재고로 확보하고 있을 것을 권장하고 있다. 이는 전체 곡물의 경우 17－18%, 사료곡물 15%, 쌀 14－15%, 콩 15－20%이다. 그러나 1995/96 곡물년도의 세계 곡물재고율이 14%로 20년 만에 최저수준을 기록하였고, 특히, 사료곡물은 10.7%, 쌀은 12.9%로 사상 최저수준을 기록하였다. 금년도 세계 작황은 높은 국제곡물가격에 따른 식부면적의 증가와 양호한 기상조건으로 밀과 옥수수의 재고율이 각각 1% 포인트 정도 상승할 것으로 전망되고 있다. 그러나 쌀의 경우 여전히 재고율의 감소세가 지속되고 있다.

국제곡물시장의 수급 변화는 국제곡물가격에 그대로 반영되고 있다. 최근 주요 농산물의 국제가격은 급박한 상승 후, 단기적인 조정과정을 겪고 있다. 1970년대 말에서 1993년 이전까지 다른 곡물에 비해 비교적 안정적이었던 국제 쌀의 가격이 1993년 일본의 냉해로 인한 긴급한 수입과 최대 수출국인 태국의 생산량 감소로 가격이 급등하였고, 1995년 중국, 인도네시아, 필리핀 등 쌀의 주소비국에서의 생산량 감소와 태국과 베트남 등 주요 수출국의 수출량 감소, 북한의 수해 등으로 인해 긴급한 수요 등으로 지난 1년 동안 국제 쌀 가격이 50% 이상 폭등하였고, 현재도 높은 수준을 유지하고 있다.

쌀과 함께 세계 인구의 절반이 주식으로 소비하는 밀의 경우도 1994년 중반 호주의 극심한 가뭄으로 국제시장가격이 상승세를 나타내기 시작하였고, 1995년 중국, 러시아의 가뭄과 생산 감축으로 인한 수입의 확대, 북아프리카 지역의 대규모 수입, EU의 밀 재고 감소로 인한 수출세의 부과, 미국의 생산 감소 등으로 가격이 급등하여 1980년 이래 최고가를 기록하였다. 최근 가격 상승에 따른 생산증가로 인하여 조정과정을 거치고 있다.

축산물 생산에 필수적인 옥수수의 경우 1년 동안 가격이 100% 상승하여 지난 5월 사상 최고치를 기록하였으나, 최근 국제 재고량의 증가로 불과 5개월 사이에 50% 수준으로 하락하였다. 그러나 축산물에 대한 소비가 지속됨에 따라 옥수수의 수입수요가 여전히 높은 수준으로 증가하고 있어, 주요 생산국의 작황에 따라 국제가격의 급격한 변동이 예상된다. 미국은 세계 옥수수 수출의 70% 이상을 차지하여, 미국의 작황이 국제 사료곡물가격에 결정적인 영향을 미친다. 1993년 이전까지 중국의 대규모 수출로 약세를 보였던 국제 옥수수 가격이 1994년 중국이 수입국으로 돌아섬에 따라 오름세를 나타내기 시작하였다. 이후 국제가격이 다소 변동을 보이다가 미국의 흉작과 사료용 밀의 부족 등으로 폭등세를 나타내었다. 특히 아시아태평양 지역의 견실한 경제성장과 인구의 성장, 그리고 축산물에 대한 수요의 급증으로 사료곡물에 대한 수요가 가격의 급등에도 불구하고 지속적으로 증가하고 있다.

이와 같이 최근 세계적으로 곡물의 수급이 불안정해지고, 곡물가격이 큰 폭으로 상승함에 따라 식량위기에 대한 우려가 높아지고 있다. 지난 1972/73년 구소련과 중국의 생산이 급감함에 따라 곡물을 대량으로 수입하여 전체 곡물재고율이 15% 이하로 하락한 바 있고, 이 시기에 식량위기가 심각하게 운위되었음을 감안한다면, 현재의 국제 식량사정이 예사롭지 않음을 알 수 있다. 1995년 10월, FAO 창립 50주년을 기한 국제심포지엄에서 '모든 사람에게 식량을'이라는 주제로 식량의 불안정한 공급과 급등하는 가격문제를 해결하기 위한 범세계적인 논의가 있었고, 금년 11월에도 FAO에서 식량정상회담이 계획되어 있어, 식량위기에 대한 우려가 세계적으로 확산되고 있다는 것을 보여주고 있다.

최근의 국제곡물수급상황은 1970년대의 식량위기 때보다 더욱 심각하며, 향후의 사정 또한 낙관적이지 못하다. 전 세계의 많은 농업경제학자나 전문가들은 중장기적인 세계 식량수급을 비관적으로 전망하고 있다. 그 이유로는 특히 주요 생산국에서의 토양침식, 지하수 고갈 등으로 인한 생산 감소, 기후의 구조적인 변동으로 인한 불확실성의 증대, 그리고 경제발전과 인구증가에 따른 수요의 급증 등을 들 수 있다. 미국의 저명한 연구기관인 월드워치 World Watch의 브라운소장은 2030년에 전 세계적으로 현재의 생산량 17억 톤의 약 30%인 5억3천만 톤의 곡물이 부족하게 될 것이라고 전망하고 있다. 브라운소장의 전망보다는 덜 비관적이지만 향후 국제곡물의 공급이 심각하게 부족하게 될 것이라는 데는 많은 연구가 같이 하고 있다. 이에 따라 미국 식량농업정책연구소의 애더슨소장은 국제적인 농업투자를 증대하고 환경에 대한 부하를 줄이는 방향으로 농업정책을 변경하여야만 식량위기를 피할 수 있다고 주장하고 있다.

세계 식량위기는 식량의 해외의존도가 매우 높은 한국의 식량위기로 직결된다는 점에서 중요하다. 한국은 쌀을 제외한 대부분 품목을 수입농산물에 의존하고 있으며, 최근 식량자급도는 30% 미만으로 하락하였다. 국제 정치 · 경제적 여건과 경제성장에 따른 식품소비구조의 변화에 따라 농산물수입의 증가 추세는 향후에도 계속될 것으로 전망된다. FAO의 정의에 따르면, 식량안보란 "모든 국민이 상시 필요로 하는 기본적 식량을 물리적, 경제적으로 확실하게 확보할 수 있는 것"으로 되어 있다. 1970년대의 식량위기는 주로 가격의 급등에 따른 경제적 구매력이 중요한 문제가 되었다. 그러나 현재 한국의 경제력으로 보아 식량의 가격이 급등하더라도 외환이 부족하여 필요한 식량을 수입하지 못하는 경우는 예상하기 어렵다.

1995년도 한국의 총수출은 1,200억불을 초과한 반면, 기록적으로 증가한 농림수산물 수입은 약 57억불이었다. 따라서 세계 12대 무역국으로 성장한 한국의 식량문제는 경제적인 구매력보다는 물리적인 확보에 관련된 시장 구조적, 정치적, 군사적, 자연재해적 장애에서 발생하는 문제로 인식하여야 한다. 그러나 이러한 문제들은 경제적인 문제보다 훨씬 예측하기 어려우며 해결하기도 곤란하다. 최근의 식량위기가 1970년대와 구별되는 또 다른 특징은 국제곡물시장에 의존하는 민간경제의 규모가 엄청나게 커졌으며, 이들 산업이 국제시장의 변동에 매우 취약하다는 점이다. 요컨대 **현재 한국의 식량문제는 구매력의 부족에서 오는 기아와 경제적, 정치적 혼란의 가능성 보다는 비경제적인 제약(정치적, 군사적, 자연적)으로 인한 필요한 물량의 확보 실패와 시장의 불안정성에 기인한 민간생산 및 경제활동의 위축으로 이해하여야 한다.** 따라서 식량문제를 접근하는 방법 또한 이러한 인식하에서 이루어져야 한다. 식량의 안정적인 확보는 그 어떤 것보다도 우선적으로 고려되어져야 할 경제체제의 존립근거이다.

용어해설

지속적 농업생산(sustainable agriculture)

환경에 부담을 주지 않고 농업생산기반과 생산성을 장기간 유지할 수 있는 농업체계로 1992년 리우에서 열린 기후변화협약에서 공식적으로 제시되었다. 외부 투입물을 끊임없이 투입하는 관행 농업방식과 달리 농업 내부의 생태적 순환을 이용하여 유기적으로 지속시키는 농업생산방식을 일컫는다.

곡물년도(marketing year)

통상 1월부터 12월까지로 구성되는 회계연도(fiscal year)와 달리 햅곡식이 추수되는 수확기부터 다음 수확기 직전까지의 1년(12개월)을 지칭하는 용어로서 작물과 국가별로 다르다. 미국의 곡물년도는 쌀의 경우 8월에서 익년 7월, 소맥의 경우 6월에서 5월, 옥수수와 대두는 9월에서 8월이다. 한국에서 쌀의 곡물년도를 나타내는 양곡년도는 11월에서 익년 10월까지의 기간을 의미한다.

제5장

생명공학, 새로운 그러나 가공할 정보혁명

생명공학, 새로운 그러나 가공할 정보혁명

2003.01 식품신문

유전자 조작된 콩과 옥수수 등 GMO 식품의 안전성으로 논란을 일으키던 생명공학이 인류가 외계인의 후손이라고 믿는 한 종교단체에 의해 이루어진 인간의 복제로 인하여 새해 벽두부터 다시 세상의 주목을 받고 있다. 식물을 비롯하여 양과 소, 원숭이 등을 대상으로 유전자 조작 실험이 이루어질 때만 하더라도 흥밋거리로 여겨졌던 생명체의 인위적 조작이 인간을 대상으로 이루어졌다는 공식적인 발표는 이 문제가 이미 우리 인류와 지구의 현재와 미래에 엄청난 영향을 줄 수 있을 만큼 가까이 다가왔다는 것에 화들짝 놀라고 있다.

역사적으로 우리 인류는 3번째 큰 물결The Third Wave을 경험하고 있다는 미래학자인 앨빈 토플러Alvin Toffler의 혜안에 의하면, 첫 번째 물결은 인간의 사회화와 문명의 형성을 가능하게 한 1만 년 전의 농업혁명agricultural revolution이며, 두 번째 물결은 대량생산과 자본주의를 태동시킨 17세기의 산업혁명industrial revolution이다. 이 두 혁명은 모두 생산방법에 있어서의 획기적 혁신이 동인이 되었지만 이는 근본적으로는 정보의 지속적 축적과 확산, 그리고 새로운 정보와 지식의 재생산에 의해 가능하였다.

이제 20세기를 마감하면서 시작된 세 번째 물결은 소위 정보혁명information revolution이라고 불린다. 물론 기존의 두 물결도 정보에 의한 생산혁명이었지만, 이번의 것은 정보를 얻고, 이를 가공하여 확산시키고, 재생산하는 방식의 기존의 방식과는 확연히 다른 혁명적 방식으로 진행되고 있다는 점에서 정보혁명이라는 이름이 타당하다.

현실적으로 정보혁명은 두 방향으로 진행되고 있다. 하나는 정보통신기술을 바탕으로 한 디지털혁명이고, 또 다른 하나는 생명의 코드를 밝히는 DNA혁명이다. 그러나 모든 아날로그 정보를 0과 1의 2진법을 이용한 디지털과 모든 생명체의 구성과 기능을 아데닌(A), 티민(T), 사이토신(C), 구아신(G)의 4진법을 이용한 DNA는 흥미롭게도 정보를 다룬다는 점에서 맥을 같이 하고 있다.

이 두 종류의 정보혁명은 우리의 생산뿐만 아니라 유통, 소비, 무역 등 경제의 모든 측면을 획기적으로 전환시키고 있다. 이는 기존 산업의 정의와 범위를 바꾸고, 새로운 산업을 만들어 내고 있다. 과거 산업혁명으로 인하여 수많은 새로운 산업이 생겨나고 부가가치의 창출원이 바뀐 것과 같이, 정보혁명도 기존의 산업을 재편하고 새로운 산업을 창출하고 부가가치의 원천을 바꾸고 있다.

생명공학기술이 아직 쌀이나 인간의 유전자정보를 해독하는 단계에 있지만, 이러한 기술을 활용한 산업의 활동은 매우 적극적이고 다양하다. 오송국제바이오엑스포는 이러한 점에서 흥미롭다. 새롭게 맞는 물결 속에서 기존의 산업계의 지각변동과 이들의 대응방법, 새로운 출연한 산업의 종류와 형태 등을 가름할 수 있기 때문이다. 오송에서 모습을 드러낸 생명산업은 아직 기술면에서 초보적이며, 산업의 규모면에서도 미미하지만 다양한 분야에서 역동적으로 움직이는 것을 볼 수 있었다.

오송엑스포에는 생명기술을 쉽게 설명해 주는 바이오 생명관과 이러한 기술이 총체적으로 어디에 응용되고, 향후 활용될 수 있는가를 보여주는 식량관, 소재관, 환경에너지관, 의약관이 있으며, 이러한 기술과 지식을 실제 생활에 응용하고 있는 바이오산업의 현주소를 보여주는 기업관으로 구성되어 생명산업의 정의과 범위를 규정하는데 도움이 된다. 산업관에는 농림부를 비롯하여, 환경부, 해양수산부, 산업자원부가 각각 부스를 설치하여 그들의 생명산업정책과 그간의 성과, 향후 발전방향 등을 보여주고 있다.

현재 생명산업은 초기 단계에 있다. 따라서 이에 대한 인식이나 이해 또한 매우 낮다. **그러나 생명산업은 향후 경제의 가장 중요한 산업이 될 것이며, 그 외연은 매우 넓을 것이다. 생명산업이 어떤 모습으로 어떻게 발전하는지를 항상 주시하고 그에 대한 이해의 폭을 넓혀 나가야 할 것이다. 생명산업은 넓고 할 일은 많다.**

생명공학은 양날의 칼이다.

유전자를 조작하여 우리에게 유용한 생명체를 만드는 생명공학은 잘 쓰면 우리에게 이기가 되지만 잘 못 쓰면 자신을 베는 위험한 칼과 같다. 생명공학에 대해 한쪽의 입장만을 취하는 것은 현명하지 못하다. 이미 생명공학기술과 우리의 일상에 깊숙하게 들어와 있다. 한국인이 매일 먹는 식단에는 GMO로 가득 차 있다. 두부, 콩나물, 된장, 고추장, 식용유, 우동, 빵, 돼지고기, 광어 등에는 GM 콩이나 밀, 옥수수로 만든 식재료나 사료곡물이 70-80%이상 사용되고 있다. 이 수치는 자급률이 10%에도 미치지 못하는 이들 곡물들의 거의 대부분이 미국과 중국에서 수입되는 GMO이기 때문이다.

그렇다고 해서 GMO가 아무 문제가 없다는 것은 아니다. GMO의 섭취가 인체에 안전하다는 증거보다는 그렇지 못하다는 증거가 더 많다. GMO의 비의도적 혼입이나 화분의 비산에 의한 환경오염도 심각한 수준에 이르러 종다양성을 위협하고 있다. 무엇보다 GMO가 다국적 기업의 독과점적 시장구조와 종다양성의 훼손을 통해 세계 식량문제를 더욱 악화시킬 가능성도 항상 인식해야 한다. GMO는 인류에게 독약이 될 수도, 명약이 될 수도 있는 비상이다.

생명공학의 산업적 가능성

1997. 03 고대신문

미국의 칸추리 가수 돌리 파튼Dolly Parton의 이름을 딴 양의 복제cloning 소식이 전 세계를 흥분시키고 있다. 스코틀랜드 로슬린연구소Roslin Institute의 이안 윌멋Ian Wilmut 박사팀에 의하여 탄생된 돌리는 현재의 생명공학 기술을 새로운 차원으로 이끄는 획기적인 연구의 결과이다. 이는 생식세포를 분할하여 여러 쌍둥이를 복제하는 과거의 방식과는 달리, 이미 성숙한 양의 체세포를 이용하여 1세대와 똑같은 2세대를 복제하는 것으로, 생명공학의 기술적인 측면뿐 아니라, 의학적, 종교적인 측면에서도 중요한 의미를 가진다. 세계 각국은 이미 이 새로운 기술로 인한 인간의 복제, 생태계에 가져올 위험bio hazard 등의 이유로 여러 가지 규제를 준비하고 있다.

그러나 돌리의 탄생으로 인한 종교적인 또는 윤리적인 측면에서의 논쟁과 관계없이 이 새로운 복제기술이 산업에 미치는 의미는 매우 크다. 돌리의 탄생 소식이 전해지면서 이 연구에 재정적인 지원을 하여왔던 피피엘 쎄라퓨틱스PPL Therapeutics사를 비롯하여, 여타 생명공학 관련 벤처기업들의 주가가 폭등한 것은 체세포 복제기술이 가지는 경제적 가치를 반영하는 것이다.

아마 이 기술의 가장 커다란 수혜자는 농업부문일 것이다. 수많은 쌍둥이 2세대를 양산할 수 있는 과거의 방식은 그 복제물이 1세대가 가지고 있던 바람직한 속성을 그대로 보유하고 있으리라는 것을 보장하지 않는다. 이는 우량의 부모생물학적에게서 열등한 자식이 생길 가능성이 얼마든지 있기 때문이다. 이러한 불확실성은 과거의 복제기술이 실제로 산업에 응용되는 데 장애가 되었다. 그러나 윌멋 박사의 방식을 통해 최우량의 1세대와 완벽하게 동일한표현형질 상 2세대 복제물을 얼마든지 생산할 수 있게 되었다. 가장 우유를 많이 생산하는 소, 가장 사료효율이 좋은 돼지, 가장 털을 많이 생산하는 양, 가장 커다란 계란을 낳는 닭 등을 복제하여 농업의 생산성을 비약적으로 증가시킬 수 있다. 이는 또한 축산물을 계획과 주문에 의하여 생산할 수 있다는 것을 의미한다. 농업이 여타 산업에 비해 가지는 가장 커다란 약점의 하나인 생산의 불확실성을 감소시킴으로써 농산물가격을 안정시키고, 농업경영효율을 제고시키는데 도움이 될 것이다.

돌리의 탄생은 그간 침체되어 있던 생명공학에 대한 관심을 부활시켰다. 현재 진행 중인 생명체의 유전자정보를 해석하는 **게놈 프로젝트**Genome Project*는 일반 산업뿐만 아니라 인간의 모든 것을 근본적으로 변화시킬 것이다. 현재 6개 미생물의 유전자정보가 해석되어 상업화되고 있으며, 2000년대 초 인간의 유전자를 해석할 목표로 연구가 진행되고 있다. 이 연구의 결과는 농업뿐만 아니라 환경, 자원, 의학, 약학, 식품산업에 이용될 수 있으며, 심지어는 DNA의 정보처리과정을 응용하여 컴퓨터산업에도 이용될 것이다.

생명공학이 가지는 경제적 가치는 매우 크다. 실제로 적지 않은 생명공학기술이 농업생산이나 의료산업, 제약산업에 응용되고 있다. KIST 생명공학연구소에서 개발한 인공씨감자는 국내의 생산에 기여할 뿐만 아니라 외국으로 수출되고 있다. 그러나 생명공학이 가져올 수 있는 환경이나 생태계에 미치는 재앙은 그 경제적 가치를 쉽게 넘어설 수 있다는 점도 간과할 수 없다. 유럽은 유전자를 조작하여 생산된 미국의 콩과 옥수수에 대한 수입을 제한할 법안을 서두르고 있다. 이는 이들 농산물들이 식용으로서 인간에게 완전히 무해한가에 대한 우려에서 비롯된 것이다. 돌리의 탄생으로 한층 가능해진 인간의 복제는 전통적인 개념의 가족을 파괴하고, 인간의 본질을 변화시킬 것이다. **생명공학이 인류와 지구의 생태계를 파괴하지 않고 올바르게 사용될 수 있도록 하기 위해서는 새로운 기술의 개발에 사용되었던 것보다 훨씬 많은 노력을 기울여야 할 것이다.**

용어해설

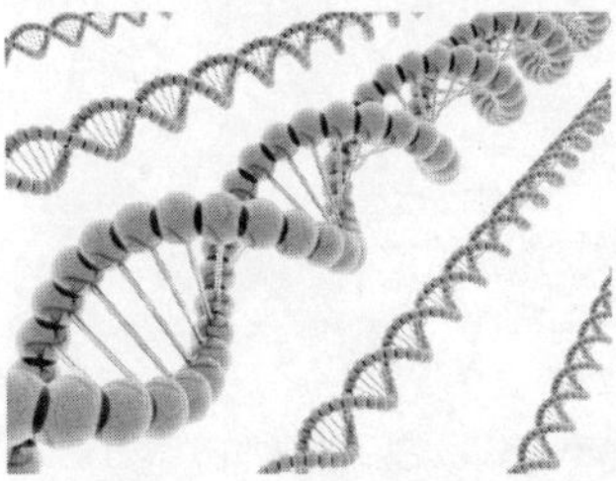

게놈 프로젝트(Genome Project)

인간 게놈에 있는 약 30억 개의 뉴클레오티드 염기쌍의 서열을 밝히는 것을 목적으로 한 프로젝트이다. 이 프로젝트는 미국, 영국, 일본, 독일, 프랑스 5개국의 공동 노력과 셀레라 게노믹스(Celera Genomics)라는 민간 법인의 후원을 받아 이루어지게 되었다. 이 프로젝트의 첫 단계는 효모와 선충류 등을 포함한 다른 종의 게놈 서열을 밝히는 것으로 시작되었다.

인간 게놈의 초기 지도는 2000년 6월에 발표되었고, 이것은 예상보다 5년 앞서 완성된 것이다. 인간 게놈 프로젝트의 결과는 의학과 과학 분야에 많은 충격을 주었고, 이 결과로 많은 질병의 원인이 되는 유전자의 비밀을 알 수 있게 되었다.

GMO를 둘러 싼 미국과 유럽의 WTO 분쟁

© http://www.cheeseslave.com

미국은 GMO 승인 여부에 대해 5년 동안 유예(moratorium)를 선언한 EU에 대해 2003년 5월 WTO에 제소함에 따라 미국과 EU간 GMO를 둘러싼 분쟁이 본격화 되었다. 미국과 EU간 분쟁의 원인은 양자 간 GMO 관리의 접근방식의 차이에서 기인하였다. EU는 GMO에 대한 현재의 과학적 지식이 불완전하기 때문에 사전 예방원칙(precautionary principle)의 차원에서 보다 신뢰할 수 있는 지식이 얻어질 때까지 기다려야 한다는 입장이며, 미국은 현재의 과학적 지식에 기초한 위해성 평가를 통해 잠재적 위험을 평가해야 하며, GMO가 non-GMO와 비교하여 생화학적 성분이 동일하기 때문에 아무런 위험이 없다는 성분동일의 원칙(principle of substantial equivalence)을 주장하였다.

2006년 5월 WTO 분쟁 패널은 미국, 캐나다, 아르헨티나 등이 제소한 EU의 새로운 생명공학식품에 대한 승인 유예 조치가 위생 및 검역조치(Sanitary and Phytosanitary Measures, SPS)에 관한 WTO 규정에 위배된다는 최종 판결을 발표하였다.

유전자조작 농산물의 경제학적 의미

1999.08 농민신문

최근 유전자조작 농산물Generically Modified Organisms이 농업 및 식품분야의 가장 중요한 이슈로 부상하고 있다. 농산물의 유전자를 조작하여 특정한 질병이나 제초제에 저항성을 갖거나, 내한성이나 저장성 등 유통과 가공단계에서의 부가가치를 증가시키는 특성이 부여된 유전자조작 농산물이 미국에서 선보이기 시작한 것이 불과 3-4년에 지나지 않지만, 그 성장속도는 어느 새로운 기술의 확산보다 빠르다. 미국의 경우 1999년 전체 대두와 면화생산의 50%, 옥수수의 30% 이상이 유전자가 조작된 종자로 이루어질 전망이며, 이외에도 토마토, 감자, 담배 등의 생산에서 유전자조작 농산물의 점유율이 급증하고 있다.

GMO가 전 세계 소비자나 환경단체의 우려와 반대에도 불구하고 급속한 성장을 할 수 있는 이유는 무엇보다도 경제적인 측면에서 찾을 수 있다. 즉, 유전자 조작된 농산물은 더욱 적은 농약과 노동력, 그리고 수자원을 요구하는 반면, 더욱 많은 단위당 수확량을 제공하여 가격경쟁력을 부여한다. 또한 유전자 조작으로 부가된 기능과 영양소로 인하여 더욱 높은 가격을 받을 수 있기 때문에 농민들 입장에서는 기존의 종자에 비하여 매력적인 대안이 아닐 수 없다. 뿐만 아니라, GMO종자를 생산하는 듀퐁Dupont이나 **몬산토**Monsanto* 등 다국적기업들은 막대한 자금력을 바탕으로 자사의 종자를 이용하는 농민들에게 농약과 비료 등 투입재를 저렴한 가격에 제공하고, 금융과 유통을 지원할 뿐만 아니라 농민들의 소득을 보장해 주는 제도revenue assurance program를 운영하는 등 일괄서비스를 제공해 줌으로써 GMO의 시장점유율을 높이고 있다.

그러나 GMO가 갖는 경제학적 의미는 보다 복잡하고 심각하다. GMO를 옹호하는 측은 그것이 농산물을 보다 적은 비용으로 증산시켜 식량가격을 하락시키고 기아와 영양결핍 등 식량문제를 해결할 수 있는 대안이라고 주장한다. 그러나 작금의 식량문제는 전 세계적인 생산능력의 부족에 따른 것이 아니라 생산능력의 지역별 불균형과 구매력의 부족에 기인하는 것이다. 오히려 GMO의 확산은 종자산업의 독과점화와 생산의 종속화를 야기하여 식량문제를 더욱 악화시킬 가능성이 많다.

최근 농화학산업과 농생명산업에서는 M&A와 지적재산권 분쟁이 급증하고 있으며, 이는 농업생산구조에 엄청난 변화를 결과할 수 있다. 가장 우려할 만한 상황은 특정 종자를 특정 종자회사가 독점적으로 공급하는 것이다. 이런 비현실적인 것 같은 시나리오는 불행하게도 현재 진행되고 있다. 몬산토의 **라운드업 레디**Roundup-ready **종자***를 구입하는 농민들은 다음 해에 그 종자를 다시 사용하지 않는다는 계약을 해야 한다. 이를 통해 몬산토는 GMO 종자와 **라운드업**Roundup **농약*** 시장을 독점하고자 한다. 더 나아가 이들 종자기업은 아예 **자가 번식을 할 수 없는 종자**terminator seed*를 생산함으로써 확실하게 독점적 지위를 확보하고자 시도하고 있다. 이러한 노력은 각국의 지적소유권 제도에 의하여 보호되고 있다. 농업 투입재 시장에서 독점적 지위를 확보한 다국적 기업들은 유통, 가공, 판매상의 수직적 통합과 막대한 자금과 정보력, 국제적 네트워크를 이용하여 식품과 농산물시장의 지배자가 될 것을 시도하고 있다.

GMO의 확산을 통한 종자산업의 독과점화는 두 가지 면에서 우리에게 중요한 의미가 있다. 첫째는 식량안보에 대한 위협이다. 저비용, 고생산성을 갖춘 GMO는 시장경제원리에 따라 기존의 다양한 곡물종자를 농업생산에서 축출할 것이며, 이에 따라 세계 농업은 불과 몇 종류의 종자가 지배하게 될 것이다. GMO 종자는 전 세계적인 농업생산량을 증가시킬 수는 있지만, 그와 함께 농업생산의 변동성과 불확실성을 급격하게 증가시킬 것이다. 기후의 급격한 변동이나 새로운 병충해의 등장은 획일화된 종자를 이용한 농업생산에 치명적인 영향을 줄 수 있다. 또한 곡물종자의 획일화는 이제까지 농업에 존재하지 않았던 독과점적 이윤을 목적으로 한 생산과 유통의 제한을 가능하게 할 것이며, 불순한 목적을 가진 테러집단에 의한 식량의 무기화도 심각한 문제로 대두될 수 있다.

GMO의 보다 현실적인 문제점은 국제경쟁력의 변화를 통하여 농산물 무역구조를 변화시키는 것이다. GMO에의 접근성 여부는 생산성과 경쟁력의 차이를 의미한다. 따라서 GMO에 보다 쉽고 저렴하게 접근할 수 있는 국가의 농민들은 그렇지 못한 농민들에 비하여 가격경쟁력에서 우위를 가질 것이며, 이는 국제 농산물 무역패턴을 변화시킬 것이다. 현재 GMO 생산에 가장 적극적이며, 기술적으로 우위에 있는 미국은 세계 최대의 농산물 수출국이며, GMO의 생산성은 미국의 경쟁력을 더욱 제고시킬 것이다. GMO를 이용한 국제경쟁은 수입국들의 열등한 경쟁력을 더욱 악화시킬 뿐만 아니라, 기존의 수출국들의 경쟁력도 약화시켜 국제곡물시장의 대미의존도를 한층 심화시킬 것으로 예상된다. 세계 식량공급의 미국에 대한 높은 의존도는 세계 전체의 식량안보를 저해할 뿐만 아니라, 많은 국가의 농업기반을 뿌리째 흔들 것이다.

2000년에 시작될 차기 WTO 무역협상의 가장 민감한 이슈는 GMO에 대한 표시제labelling가 될 것으로 예상된다. 실제로 EU와 일본을 비롯하여 캐나다, 호주, 뉴질랜드 등 농산물 수출국들도 GMO 표시제를 법제화하고 있으며, 이에 대해 미국은 기술적 무역장벽이라며 강력하게 비난하고 있다. GMO 표시제는 소비자가 알고 선택할 수 있도록 보다 정확한 정보를 제공한다는 명분을 내세우고 있다. 그러나 표시제는 실제로 소비자를 통하여 GMO에 대한 수요를 감소시키고, 표시를 위한 분류 및 취급 등에 필요한 유통비용을 제고시켜 GMO의 가격경쟁력을 약화시킨다. 또한 GMO 표시제를 통하여 미국산 GMO의 확산 속도를 늦추는 한편, 자국의 농생명기술을 발전시킬 시간을 얻을 수 있다. 한편에서는 소비자와 환경단체가 동원되어 GMO를 반대하고, 다른 한편에서는 GMO를 개발하기 위하여 막대한 투자를 하는 아이러니는 불행하게도 GMO의 성공여부에 자국 농업의 존폐가 달려있기 때문이다.

GMO에 대한 비난과 반대 등에도 불구하고 GMO는 시장경제원리와 지적재산권제도에 힘입어 빠른 속도로 성장할 것으로 예상된다. 이에 따라 한국 농업의 장래가 더욱 심각한 처지에 놓일 것이며, 식량안보에 대한 위협이 더욱 커질 것이다. 이미 많은 다국적 기업들이 우리의 종자시장을 점유하고 있다. 농산물 수입의 증가보다 종자산업의 지배는 식량안보에 더욱 치명적일 수 있다. 이러한 변화 속에서 우리가 취해야 할 선택이 무엇인지 심각하게 생각하여야 한다. GMO는 막대한 투자와 첨단 과학기술을 요구하는 벤처산업이지만, 그 대가는 수확체증의 법칙에 따라 엄청나게 커진다. 또한 생명공학산업은 다윗이 골리앗을 이길 수 있는 규모의 경제가 작동하지 않는 지식산업이다. **우리의 선택은 GMO 표시제의 도입과 함께 농생명산업을 적극적으로 육성해야 할 것이다. 다만 GMO의 도입에 따른 생산구조의 변화에 대비한 농업발전 정책이 병행되어야 한다.**

용어해설

몬산토(Monsanto)

미국에 본사를 둔 대표적인 다국적 농약회사로 1970년대 월남전에서 사용된 고엽제를 생산하였으며, '라운드업(Round-up)'이라는 농약을 대표적인 제품으로 갖고 있다. 최근 종자와 제약관련 기업들을 합병 인수하면서 라운드업 농약에 저항성을 갖는 '라운드업 레디(Round-up Ready)' GMO작물을 개발하여 세계 최대의 GMO 종자회사가 되었다.

라운드업(Roundup) 제초제와 라운드업 레디(Round-up Ready) 종자

몬산토의 대표적인 제초제로 우리나라에서는 '근사미'라는 상표명으로 잘 알려져 있다. 비선택성(non-selective) 제초제로서, 모든 초본식물들을 죽이는 성질을 갖고 있다. 몬산토는 유전자변형기술을 이용하여 이 제초제에 저항성을 갖는 콩과 옥수수, 유채 등을 개발하여 라운드업 레디(Roundup-Ready)라는 이름으로 판매하고 있다. 몬산토는 이들 GMO 종자는 라운드업 제초제와 세트로 판매함으로써 엄청난 수익을 얻고 있다.

터미네이터 기술(Terminator Technology)

미국의 Delta and Pipeland사가 처음 개발한 유전자조작 기술로서, 종자거세 또는 종자불임기술로 불린다. 이는 첫 해에 수확한 종자는 다음해에는 싹이 나지 않게 유전자를 조작하여 농민들이 매년 종자를 구입하게 하는 기술이다.

터미네이터 기술의 변종으로 특정한 화학물질(예를 들면, 자사의 농약이나 비료)을 촉매로 해야 종자가 성장하도록 유전자 조작하는 트레이터 기술(Traitor Technology)도 있다.

주요국의 GMO 식품표시 관리 비교

	한국	일본	유럽연합	미국
표시근거	검사 가능	검사 가능	원료 사용	의무표시제도 없음
비의도적 혼입치	〈3%	〈5%	〈0.9%	-
표시대상	- GM 성분이 남아 있는 식품 - 원료 함량 상위 5 순위 이내	- GM 성분이 남아 있는 식품 - 원료 함량 상위 3순위 이내, 5% 이상	- 모든 식품	-
사후관리방법	서류 확인 및 분석 검사	서류 확인 및 분석 검사	이력추적제	-

스타링크 감상법

2001.07 식품신문

최근 병충해에 내성을 지닌 일명 스타링크StarLink로 알려진 GMO 옥수수가 국내 유수의 식품제조업체들에 의해 식용으로 가공되어 물의를 빚고 있다. 유럽계 미국종자회사인 아벤티스Aventis CropScience사에 의해 만들어진 이 옥수수는 소화장애와 알레르기를 일으킬 수 있는 Cry9C라는 단백질을 포함하고 있어 미국의 환경보호청EPA은 사료용과 공업용으로만 사용하도록 제한하고 있다. 지난 해 이 스타링크가 '토티아'라는 멕시코식 옥수수전병을 만드는데 사용되어 아벤티스사가 10억불 가량의 리콜recall을 시행하는 등 미국 내에서 문제를 일으켰으며, 아벤티스사는 식품의약청FDA에 식용으로 사용하게 해 줄 것을 요청하고 있다.

스타링크가 함유된 토티야는 지난 11월 국내에도 수입되었으며, 금년 2월에는 스타링크가 포함된 옥수수가 적발되어 미대사관을 통하여 엄중하게 항의한 사례가 있다. 그럼에도 불구하고 이번에 국내의 대형 식품업체들이 스타링크가 섞인 옥수수를 가공하여 유통시킨 것은 GMO 농산물과 관련된 업체의 이해와 정부부처의 허술한 관리에 기인한다. 이들 식품업체나 식품의약품안정청FDA은 스타링크가 가공되는 과정에서 알레르기를 일으키는 단백질이 정제되어 인체에 유해한 수준이 아니라고 주장하고 있다. 그러나 시민단체들은 이에 강력하게 반발하며 정부의 인식과 관리능력에 우려를 표시하고 있다.

이렇듯 GMO 농산물은 국내뿐 아니라 국제적으로도 농업 및 식품분야의 중요한 이슈로 부상하고 있으며, 향후 이를 둘러 싼 대립과 갈등이 더욱 증폭될 전망이다. 유전자변형농산물이 미국에서 선보이기 시작한 것이 불과 6-7년에 지나지 않지만, 그 성장속도는 어느 새로운 기술의 확산보다 빠르다. 미국의 경우 2000년도 전체 대두생산의 55%, 유채의 58%, 면화의 72%로 급성장하였으며, 토마토, 감자, 담배 등의 생산에서도 GMO 농산물의 점유율이 급증하고 있다. 다만 옥수수의 경우 스타링크의 영향으로 전년도 33%에서 25%로 감소하였다. 미국 외에도 캐나다, 아르헨티나, 호주, 중국 등의 주요 농산물 수출국에서 GMO 농산물의 생산점유율이 높아지고 있다.

스타링크의 사례에서 볼 수 있듯이 GMO가 전 세계 소비자나 환경단체의 우려와 반대에도 불구하고 급속한 성장을 할 수 있는 이유는 무엇보다도 경제적인 측면에서 찾을 수 있다. 즉, 유전자변형농산물은 더욱 적은 농약과 노동력, 그리고 수자원을 요구하는 반면, 더욱 많은 단위당 수확량을 제공하여 가격경쟁력을 부여한다. 또한 유전자 조작으로 부가된 기능과 영양소로 인하여 더욱 높은 가격을 받을 수 있기 때문에 농민들 입장에서는 기존의 종자에 비하여 매력적인 대안이 아닐 수 없다.

GMO에 대한 비난과 반대 등에도 불구하고 GMO는 시장경제원리와 지적재산권제도에 힘입어 빠른 속도로 성장할 것으로 예상된다. 이러한 변화는 식량공급의 70% 이상을 외국에 의존하는 우리 식탁의 안전성에 심각한 영향을 미칠 뿐만 아니라 향후 농업과 식품산업의 경쟁력과 구조에 많은 변화를 가져올 것으로 예상된다. 한국 농업의 장래는 더욱 심각한 처지에 놓일 것이며, 식량안보에 대한 위협이 더욱 커질 것이다. 이미 많은 다국적 기업들이 한국의 종자시장을 점유하고 있다. 농산물 수입의 증가보다 종자산업의 지배는 식량안보에 더욱 치명적일 수 있다. 정부는 이러한 변화 속에서 우리가 취해야 할 선택이 무엇인지 심각하게 고민하여야 한다.

GMO는 막대한 투자와 첨단 과학기술을 요구하는 벤처산업이지만 그 대가는 수확체증의 법칙에 따라 엄청나게 커진다. 또한 생명공학산업은 다윗이 골리앗을 이길 수 있는 지식산업이다. **우리의 선택은 GMO 표시제의 도입을 통하여 GMO의 무분별한 수입을 억제하는 한편 국내 농생명산업을 적극적으로 육성하여 국제경쟁에서 낙후되지 않도록 하여야 할 것이다.** 이와 함께 GMO의 도입에 따른 생산구조의 변화에 대비하여 농업발전정책이 병행되어야 하며, 식품안전성을 저해하지 않도록 철저한 감시와 감독이 이루어져야 한다.

유전자재조합 표시대상 수입현황

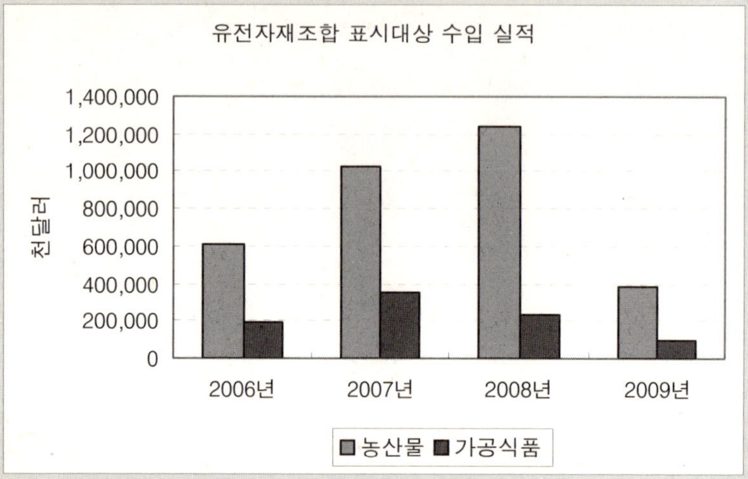

세계 GMO 재배면적 추이

자료: ISAAA

제6장

농산물 유통정책, 원론에 충실해야

농산물 유통정책, 원론에 충실해야

농민신문 2009.10.10

10년 전 도입되어 실패사례로 기록된 농산물 직거래가 최근 부활하고 있어 우려스럽다. 농산물 유통의 가장 커다란 문제점으로 지목되고 있는 높은 유통마진을 줄이기 위해 김대중 정부는 농업예산의 30%를 직거래를 중심으로 하는 유통사업에 투입하였다. 그러나 농산물 유통마진은 여전히 높고, 가격변동은 심하며, 당시 설립된 많은 농산물 물류센터와 산지유통센터들은 부실의 늪에 빠져있다. 유통비용을 줄인다는 명목으로 농협 사업장마다 억지로 개설한 직거래 장터는 고비용 저효율 유통의 대명사로 인식된 지 오래다.

농산물 직거래는 개별적인 차원에서 이루어질 수는 있으나 농산물 유통의 주도적인 형태가 되어서는 안 될 것이다. 극단적인 예로 만약 모든 농산물이 직거래를 통해 유통된다면 유통비용은 훨씬 많이 들 뿐만 아니라, 모든 생산자와 소비자가 거래상대방과 적정가격을 찾아 헤매는 유통대란이 일어날 것이다.

유통단계를 인위적으로 줄이는 농산물 직거래는 농산물유통 문제의 해법이 될 수 없다. 산지에서 소비지까지 형성되어 있는 각 유통단계는 그것이 아무리 많고 복잡하더라도 시장의 요구에 따라 자연발생적으로 만들어진 것이다. 이러한 유통단계를 인위적으로 줄이면 그 단계에서 수행했던 유통기능은 다른 단계에서 대신해야 한다. 왜냐하면 시장이 원하기 때문이다. 이러한 단계간의 기능대체는 필연적으로 비효율을 초래한다. 시장의 보이지 않은 손에 의해 그 기능을 가장 효율적으로 수행하던 단계가 인위적으로 없어졌기 때문이다.

농산물 유통마진이 높은 것은 유통단계가 많아서라기보다는 부피가 크고 부패성이 강한 농산물의 특성으로 인해 유통비용이 많이 들고, 가격위험에 대한 프리미엄이 매우 크기 때문이다. 여기에 각 단계에서 수행하는 유통기능이 비효율적인 이유도 있다. 따라서 **유통마진을 줄이기 위해서는 유통단계를 줄일 것이 아니라 각 유통기능의 효율화와 가격변동에 따른 위험프리미엄을 줄이는 것이 중요하다.**

만약 대형소매업체와 생산자조직를 직접 연결하는 직거래를 통해 산지유통 단계를 줄이면 산지수집상이 담당하던 가격위험관리를 생산자가 직접 해야 한다. 이는 시장교섭력이 우월한 대형소매업체가 가격위험을 떠안지 않기 때문이다. 또한 적절한 시기에 적절한 구매선을 찾는 것도 생산자가 직접 해야 한다. 이러한 방식으로는 결코 유통마진이 줄어들지 않는다. 산지수집상이 담당하던 기능을 생산자가 더 잘할 수 없기 때문이다.

만약 도매단계를 줄이는 직거래를 한다면 생산자나 산지수집상들은 적정한 가격을 발견하는데 훨씬 많은 비용을 들여야 할 것이다. 뿐만 아니라 우월한 지위의 대형유통업자들과 직접 거래할 경우 계약을 이행하는데 드는 **담보비용***과 협상비용 등이 추가로 소요된다. **상장경매*** 수수료를 줄이기 위해 도매시장을 우회한다면 도매시장의 가격결정과 가격발견 기능이 약화되어 오히려 유통비용이 더 많이 소요될 것이다. 이는 표면적으로 절감되는 유통비용과 비교할 수 없을 정도로 심각한 시장실패를 초래하게 된다.

유통효율화를 위해 정부는 유통단계를 인위적으로 줄이는 직거래보다 더 중요한 역할을 담당해야 한다. 노후한 가락시장은 이전과 재건축 사이에서 수년 째 표류하고 있으며, 강서시장은 경매제와 시장도매인제가 반반씩 차지하는 이상한 형태로 운영되고 있다. 농산물 유통에서 차지하는 도매시장의 역할과 중요성이 충분히 인식되지 못하기 때문이다. 도매시장의 기능이 더 이상 훼손되지 않도록 제도적 장치를 강화하고, 운영효율성을 제고시키는 작업이 중요하다. 우월한 지위를 이용한 불공정거래로 사회적 지탄을 받는 대형유통업체에게 **직거래매취자금***을 지원하는 납득할 수 없는 일도 벌어지고 있다. 대형유통업체의 사업방식과 직거래의 의미에 대한 이해도 필요하다.

유통과정에서 필연적으로 노출되는 가격위험에 대한 관리 방안을 마련하는 것도 시급하다. 밭떼기 거래의 대안으로 도입된 **계약재배안정사업***이 더욱 활성화 될 수 있도록 제도적 보완을 할 필요가 있다. 밭떼기 거래의 계약이행을 제도적으로 보장할 수 있는 **청산소*** 도입도 심도 있게 검토되어야 한다. 금년 7월에 상장된 돈육선물도 더욱 활성화 될 수 있도록 더 많은 홍보와 교육지원이 필요하며, 채소지수나 옥수수, 생우 등 다른 농산물도 선물시장에 상장되어 생산자나 유통업자들이 직면한 가격위험을 관리할 수 있는 제도적 방안을 마련하는 것도 농정당국의 시급한 과제이다.

정부의 농산물 유통정책이 원론에 입각한 진지한 고민을 바탕으로 이루어지기를 바란다.

담보비용

채무자의 채무불이행에 대비하여 채권자에게 채권의 확보를 위하여 제공되는 수단 또는 장치 타인이 입게 될 수 있는 불이익에 대한 보전에 소요되는 비용으로, 보증금 등이 여기에 해당한다.

상장경매

상장경매는 판매자와 구매자가 그들의 경쟁자가 지불하거나 수취하는 가격을 알 수 있게 하여 거래의 투명성과 공정성을 제공하는 공개 경매제도를 의미한다. 또한 공정한 정보전달 수단을 통해 시장의 모든 거래자에게 저렴하고 신속하게 가격정보가 전달하여 시장의 효율성을 제고한다.

직거래매취자금

친환경농산물의 판매촉진으로 인증제도 정착 및 인증농산물 확대를 유도하고 친환경인증 농산물의 계약재배, 수매를 통한 안정적인 판로 확보 및 집중출하 방지로 친환경농업의 저변확대를 위해 생산자 · 소비자단체, 대형유통업체 등에 자금 융자를 지원하는 정책이다.

계약재배안정사업

농가와 사업주체인 농협이 자율적으로 계약가격과 가격범위를 정해 거래하고, 만약 수확기 시장가격이 이를 벗어날 경우 손익을 농가와 농협이 일정 비율로 분배하는 제도로서 시장변동으로부터 농가의 소득을 안정적으로 보전하기 위해 도입된 채소수급안정사업의 변형된 제도이다.

청산소(clearing house)

선물의 매입자와 매도자 각각의 상대방이 되어 거래이행을 보증하고 거래 종료 시까지 각각의 계약을 관리함으로써 선물거래의 가장 중요한 기능을 수행하는 기구. 청산소의 주요 기능은 선물계약의 이행보장 기능, 일일 정산 기능, 청산 기능, 현물 인수도 기능 등이 있다.

어느 정책 실무자의 고민

이 칼럼을 읽고 농식품부 정책 실무자가 이메일을 보내왔다.

> 교수님, 안녕하세요.
> 저는 농식품부에 근무하는 ooo 입니다.
> 10.10일자 농민신문에 실린 교수님의 글 잘 읽었습니다.
> 정책을 추진하는 공무원으로서 전적으로 동감하는 부분입니다.
> 교수님께서도 잘 아시다시피 정책이란 대부분 담당하는 공무원의 의지보다 국가지도자의 의지에 따라 조정되고 움직입니다.
> 이런 현실이 너무도 안타깝고 서글프고, 전후좌우 옳고 그름을 따져 보지 않고 생각 없이 나불대는 언론도 많은 문제가 있다고 생각됩니다만 실무공무원으로서 한계가 있네요.
> 금일 농민신문에 게재된 교수님의 글을 더 많은 사람이 읽을 수 있도록 일간지에 한번 투고해 주실 것을 간곡히 부탁드립니다.
> 감사합니다.

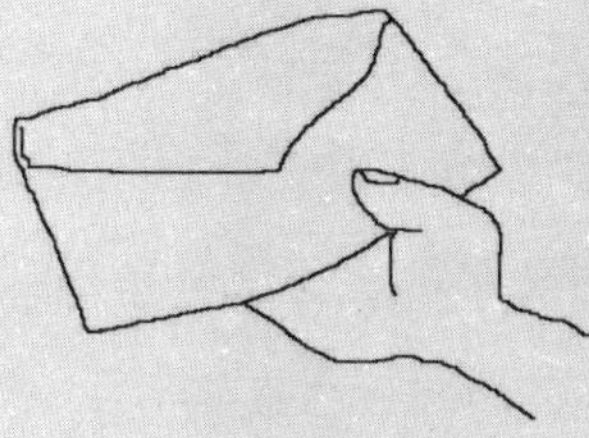

브랜드이야기(1) - 브랜드 공해

농민신문 2009.11.16

농산물 브랜드화는 시장 개방 시대에 우리 농업이 살아남기 위해 꼭 필요한 과제이다. 브랜드의 목표는 크게 두 가지이다. 하나는 내 상품이 다른 상품과 다르다는 차별화이고, 또 다른 하나는 소비자들이 반복 구매할 수 있는 확실한 대상이 되는 것이다. 브랜드화는 시장 세분화를 통해 차별화된 상품을 만들고 소비자의 충성도를 높이는 작업이다. 이는 궁극적으로 나만의 시장을 만들고, 가격교섭력을 높이는 것이다.

그러나 브랜드화는 매우 어려운 과제이다. 우수한 품질은 기본이고, 충분한 자금과 정밀한 마케팅 전략을 필요로 한다. 수평적 · 수직적 정보 네트워크와 신속하고 유연한 의사결정 과정도 요구된다. 누구나 브랜드화를 한다고 해서 성공하진 못한다. 모두가 브랜드화를 할 필요도 없다.

이런 측면에서 우리의 현실은 걱정스럽다. 시장에 유통되고 있는 농산물 브랜드가 너무 많아 거의 공해 수준이다. 정부 조사에 의하면 2006년 현재 6,550개, 쌀의 경우만 무려 2,000개가 넘는 브랜드가 좁은 시장을 두고 경쟁하고 있다. 품질이나 디자인도 그렇고 브랜드명도 비슷비슷하게 촌스럽다. 소비자들은 머리가 어찔해지고 짜증이 난다. 없느니만 못한 브랜드화다. 실패한 브랜드화는 불필요한 마케팅 비용을 높이고 공동마케팅을 저해한다.

이러한 브랜드 공해에 정부가 한몫을 하고 있다. 필자는 지난 여름 행정안전부가 주관하는 지방자치단체 경영대전의 심사에 참여한 적이 있다. 기초자치단체에서 광역자치단체까지 경영성과를 치하하고 격려하는 좋은 취지의 이벤트이다. 그런데 평가항목 중 하나가 지역 특산물 브랜드화였다. 시 · 군을 포함해서 참가한 모든 지자체가 점수용 브랜드를 급조하고 성과를 부풀린 흔적이 역력했다. 이러한 과정에서 많은 농산물들이 제대로 소비되지 못하고 쓰레기가 되었을 것이다. 불필요한 예산의 낭비도 적지 않았을 것이다.

이러한 사례가 이뿐만 아니다. 농림수산식품부를 비롯해 거의 모든 지방정부들이 브랜드 육성사업을 한다. 산지브랜드 육성에 지원된 정부 예산이 수천억 원에 이르는 것으로 추산된다. 심지어 정부기관이 나서서 브랜드 사업을 하기도 한다. 연구기관인 농촌진흥청의≪탑라이스≫가 그 예이다. 그런데 왜 우리 농업은 점점 더 어려워질까.

정부기관의 브랜드 육성사업은 오히려 시장을 혼란시키고 농산물 마케팅을 잘못된 방향으로 유도할 수 있다. 가격결정을 왜곡시키고 효율적인 자원배분을 저해하며, **광역브랜드화***를 통한 시장교섭력 제고에 역행할 수도 있음을 알아야 한다.

성공적인 농산물 브랜드화는 결코 정부의 지원이나 평가에 의해 이뤄지지 않는다. 생산자와 출하주체 스스로 시장여건과 상품조건에 맞는 브랜드 마케팅을 통해야 한다. 정부가 나서서 우수브랜드를 찾을 필요도 없다. 성공한 브랜드는 소비자가 먼저 알아보고 상을 준다. 필자가 '농업전망 2009'에서 발표한 연구에 따르면 정부의 우수브랜드 정책에 의한≪러브미≫브랜드가 대형마트에서 가격프리미엄을 거의 얻지 못하는 것으로 분석됐다. 이 브랜드는 농식품부의 심사에서 3년 연속 우수브랜드로 선정돼야 얻을 수 있다. 얼마나 많은 시간과 노력과 비용이 들었을지 안 봐도 알 수 있다.

정부는 제발 나서야 할 일과 나서지 말아야 할 일을 구분하시길 바란다. 정부가 브랜드 공해의 주범이 돼서는 안 될 것이다.

용어해설

광역브랜드화

소규모 유사브랜드가 난립함으로써 상품차별화가 이루어지지 못하고 소비자들의 불신으로 이어져 브랜드의 역효과가 이루어지는 것을 개선하기 위해 균일한 물량을 장기간에 걸쳐 지속적인 공급을 할 수 있는 규모를 갖추고 유통기능에 대한 관심 및 이해도를 높여 상품차별화를 이루고 브랜드의 신뢰를 회복하는 것을 말한다.

농산물 광역브랜드를 지향해야

오늘날 마케팅의 핵심은 브랜드마케팅이라 볼 수 있다. 브랜드화는 우선 시장을 세분하고(segmentation), 세분된 시장 중 어떤 시장을 공략할 것인지를 정하고(targeting), 그에 맞는 브랜드를 만들고(branding), 그 브랜드의 가격과 유통경로를 정하고 시장가치를 높이기 위한 다양한 판촉활동(promotion)을 하는 과정을 거치게 된다. 그런데 우리 주변의 농산물브랜드 중에는 공무원이나 심지어는 지자체장이 브랜드명과 광고카피를 만드는 경우도 적지 않다.

시장세분화나 타겟팅은 전혀 없다. 시장구조나 경쟁전략을 고려한 판촉도 없다. 시장을 알지 못하니 당연한 것인지 모른다. 필자는 일전에 한 대형마트의 협력업체 선정 작업에 참여한 적이 있는데, 농식품부가 선정한 모 시군 유통회사의 전무가 직접 디자인한 촌스러운 상품용기를 들고 나와 놀란 적이 있다. 브랜드와 마케팅에 대한 인식이 전무한 시군 유통회사가 그 뿐만은 아닐 것이다. 우리 농산물브랜드에서 가장 시급한 것은 자율구조조정을 통한 통합, 광역브랜드화를 지향하는 것이다. 중앙정부나 지방정부는 절대 농산물 브랜드화 작업에 개입하지 말아야 한다.

리플 and 리플 (www.gsnj.re.kr/forum/board)

브랜드化, 소비자들의 머릿속에 신뢰와 이미지를 만드는 아주 어려운 과정이지요. 브랜드화가 되었느냐 안 되었느냐는 시장이 결정하는 것입니다. 그런데도 정부와 민간단체가 나서서 심사를 하고, 포상을 하고, 상금예산을 주고 ---브랜드를 몰라도 한참 모르는 얘기지요. 양 교수님의 지적과 한탄이 구구절절 공감이 갑니다만, 우리 농업계의 현실은 아직도 이 수준이니 어떡하죠?

양승룡입니다. 오늘날 마케팅의 핵심은 브랜드마케팅이라 볼 수 있습니다. 브랜드화는 우선 시장을 세분하고(segmentation), 세분된 시장 중 어떤 시장을 공략할 것인지를 정하고(targeting), 그에 맞는 브랜드를 만들고(branding), 그 브랜드의 시장가치를 높이기 위한 다양한 판촉활동(promotion)을 하는 과정을 거치게 됩니다. 그런데 우리 주변의 농산물브랜드 중에는 공무원이나 심지어는 지자체장이 브랜드명과 광고카피를 만드는 경우도 적지 않습니다. 시장세분화나 타겟팅은 전혀 없습니다. 시장구조나 경쟁전략을 고려한 판촉도 전혀 없습니다. 시장을 알지 못하니 당연한 것입니다. 일전에 한 대형마트의 협력업체 선정작업에 참여한 적이 있는데, 농식품부가 선정한 모 시군 유통회사의 전무가 직접 디자인한 촌스러운 상품용기를 들고 나와 놀란 적이 있습니다. 브랜드와 마케팅에 대한 인식이 전무한 시군 유통회사가 그 뿐만은 아닐 것입니다. 우리 농산물브랜드에서 가장 시급한 것은 자율구조조정을 통한 통합, 광역브랜드화를 지향하는 것이라고 봅니다. 중앙정부나 지방정부는 절대 농산물브랜드화 작업에 개입하지 말아야 합니다.

시장도매인제 전국 확대는 시기상조

2008.07.25 농민신문

우리나라 농산물 유통은 1994년 농안법 개정 이후 상장경매제를 원칙으로 하고 있다. 그러나 시장개방과 유통기술의 발전 등으로 농산물 출하 환경과 도매시장을 둘러싼 제반 환경이 변하면서 농산물 도매거래제도 역시 탄력적으로 바뀌어야 한다는 주장이 꾸준히 제기됐다. 이에 따라 2000년 **농안법***이 개정되면서 **위탁판매***가 허용된 **시장도매인제*** 도입이 가능하게 됐다. 2004년부터는 강서도매시장이 실험적으로 하나의 시장을 둘로 나눠 한쪽은 상장경매제, 또 다른 한쪽은 시장도매인제를 동시에 운영하고 있다. 농식품부는 이 시범사업의 결과를 평가해 향후 전국 도매시장에 시장도매인제를 확대할 계획을 가지고 있다.

그러나 시장도매인제 확대를 놓고 전문가나 유통인들 간의 입장 차가 첨예하게 대립되고 있다. 시장도매인제를 확대하자는 측은 이 제도가 유통단계를 축소시켜 유통비용을 절감하며, 경매제에 비해 수취가격이 안정적인 면을 들고 있다. 반면 시장도매인제를 반대하는 측에서는 대다수의 농가들이 여전히 비 조직화된 영세소농이 주축을 이루고 있는 현실에서 경매제의 기능을 약화시킬 수 있어 가격의 투명성 및 시장효율성의 측면에서 심각한 문제를 일으킬 수 있다고 지적한다.

필자는 최근 강서시장에서 운영되고 있는 두 제도의 가격 분석을 통해 시장도매인제와 상장경매제에 대한 일반적인 인식을 검정해봤다.

연구결과 도매인제가격이 경매제가격보다 변동이 심했으며, 시장도매인이 출하자에게 더 높은 가격을 제공할 것이라는 가설도 수용되지 않았다. 그러나 동일한 시장에서 운영되고 있는 서로 다른 제도 간에는 **일물일가**一物一價*

법칙이 성립돼 대체로 효율적으로 운영되고 있음을 보여줬다.

양 제도 간 가격 분석 결과 시장도매인제에 대한 과도하거나 또는 그릇된 믿음에 기인한 도매시장 정책은 전체적인 도매시장의 가격 효율성과 안정성을 해치는 결과를 초래할 수 있다. 시장도매인제는 거래 익일에 가격을 공표하기 때문에 가격 정보가 은폐되고 비대칭적 정보의 흐름으로 인해 시장 효율성을 저해할 수 있다. 따라서 시장도매인은 출하자에게 보다 빠른 시간 내에 가격을 제시하고 가격 · 물량 · 품질 등 거래정보를 공공정보로 공표하도록 제도화하는 것이 필요하다. 이를 위해 홈페이지를 제작해 시장정보를 제공하는 시장도매인에게는 홈페이지 제작 지원과 유통촉진자금 지원 등 인센티브가 주어져야 한다.

시장도매인제는 경매가격을 참고해 가격을 결정한다. 경매제의 가격을 무료로 이용함에 따라 출하자에게 경매제가 제공하지 못하는 다른 기능, 즉 서비스 · 리콜제 운영 등 다양한 방법으로 출하자를 지원해주는 시스템을 운영해야 한다. 또 거래비용을 최대한 줄이는 것도 시장도매인제가 추진해야 할 과제다. 이것이 출하 선택권을 확대하기 위해 도입된 시장도매인제 본연의 역할일 것이다.

농산물 유통 환경이 급격히 바뀌는 상황 하에서 출하 선택권을 확대할 수 있는 시장도매인제는 상장경매제의 대안이 될 수 있다. 그러나 현재 정부의 계획과 같이 전국 도매시장에 시장도매인제를 확대시키는 것은 시기상조일 것이다. 시장도매인제가 소기의 역할을 할 수 있는 제도적 보완과 효율적인 운영이 선행돼야 한다.

용어해설

농안법

「농수산물유통및가격안정에관한법률(전문개정 2000.1.28 법률 제6223호)」로 농수산물의 원활한 유통과 적정한 가격을 위해 제정한 법률

위탁판매

상품의 제조 및 소유자가 도매 · 소매업자에게 기한을 정하여 판매업무를 위탁하는 방식

시장도매인제

개설자의 지정을 받아 농수산물을 산지로부터 매수 또는 위탁을 받아 도매와 중개영업 등을 행하게 되는 거래방식으로 도매시장법인과 중도매인의 통합된 기능을 수행할 수 있는 제도

일물일가(逸物一價)

동일한 시점의 동일한 시장에서 동일한 자산이나 상품의 가격은 같아야 한다는 균형조건을 말한다. 만약 이 균형조건이 성립되지 않으면 가격 차이를 이용한 차익거래(arbitrage)가 발생하게 되고 이러한 차익거래에 의하여 다시 일물일가의 법칙이 성립하게 된다.

강서도매시장의 상장경매제와 시장도매인제 가격 비교분석 요약

(윤창식 · 양승룡, 유통연구, 2009.1)

2004년에 설립된 강서도매시장은 하나의 시장을 둘로 나누어 한쪽은 상장경매제, 또 다른 한쪽은 시장도매인제를 동시에 운영하는 실험적인 시장이다. 정부는 경매제에 비해 유통단계가 줄어든 시장도매인제가 출하자에게 보다 안정적이고 높은 가격을 제공할 것을 기대하여 이 제도를 도입하였고, 이 시범사업의 결과를 평가하여 향후 전국 도매시장에 시장도매인제를 확대할 계획을 가지고 있다. 본 연구는 시장도매인제의 설립목적을 가설로 설정하여 검정하였다. 연구결과 정부의 기대나 일반적인 믿음과 달리 시장도매인제가 경매제에 비해 출하자에게 더 좋은 가격을 제공하지 못하는 것으로 분석되었다. 시장도매인제가 소기의 역할을 하기 위해서는 제도적 보완과 함께 보다 투명하고 효율적인 운영이 선행되어야 할 것이다.

경매 중인 강서시장

풍년기근을 어떻게 할 것인가?

2008.11.24 농민신문

예년에 비해 올해는 농사짓기에 좋은 날씨였다. 적당한 강수량과 일조량, 그리고 심각한 태풍 피해가 없어 거의 모든 작물이 풍년을 맞았다. 그러나 시장경제 하의 농업에게 풍년은 더 이상 반가운 손님이 아니다. 쌀 생산은 2007년 대비 9.9%가 증가하여 가격폭락을 예고하고 있고, 배추 등 김장 채소들은 이미 산지폐기에 들어갔다. 풍년기근이 반복되고 있는 것이다.

지금으로부터 꼭 30년 전 대학을 입학한 필자를 학문의 길로 이끈 것이 풍년기근이라는 현상이었다. 풍년기근이란 작황이 좋아 생산이 증가하면 농업소득이 오히려 감소하는 속상한 현상을 의미한다. 생산이 증가하여 가격이 하락하더라도 소비가 그에 따라 증가하지 않기 때문에 가격이 폭락하고, 따라서 증가한 수확량에 비해 가격 하락폭이 더욱 커서 소득이 감소하는 것이다. 이러한 풍년기근이 여전히 농민들을 괴롭히고 있어 안타깝다.

풍년기근이 발생하는 근본적인 원인은 크게 두 가지 이다. 첫째, 식량은 생존에 필수적이라 그에 대한 수요가 가격 변화에 민감하게 반응하지 않기 때문이다. 두 번째 이유는 농산물 시장이 거의 완전 경쟁적이기 때문이다. 소비자나 생산자가 무수히 많고, 기술이나 정보가 일반화 되어 있어 상품 차별이 되지 않는 완전경쟁시장에서 개개의 생산자들은 시장에서 정해지는 가격을 그대로 받아들일 수밖에 없다. 따라서 생산자의 입장에서는 가능한 한 많은 량을 생산하는 것이 소득을 높일 수 있는 최선의 방법이다. 가격상승이 예상되면 가급적 많이 생산하기 위해 노력하고, 반대로 가격하락이 예상될 경우에도 더 많이 생산하고 출하하기 위해 노력하게 된다. 개개의 생산자가 수확기의 시장가격이나 수급동향에 따라 생산을 조절할 수 없기 때문에 생산이 시장수요를 초과하면 가격이 폭락하고, 저장비나 물류비를 건질 수 없을 경우 발을 갈아엎게 되는 것이다. 이러한 현상은 쌀이나 배추 등 마땅히 대체할 작물이 없을 경우에 더욱 심하게 나타난다.

원인을 알면 해법도 마련할 수 있다. 첫 번째 원인의 경우는 소비자 선호의 문제이기 때문에 생산자나 정책담당자가 할 수 있는 일이 많지 않다. 풍년이 든 작물이 건강에 좋다는 홍보를 하거나 소비 장려운동을 벌이는 일이 있다. 그러나 그 효과는 미미하고 장기적이다. 두 번째 원인의 경우에는 마케팅을 통해 접근할 수 있다. 시장을 세분화하고 상품을 차별화하여 완전경쟁시장 구조를 독점적 경쟁시장 구조로 바꾸어야 한다. 공동브랜드와 공동출하를 통해 가격교섭력을 제고하고, 수급여건에 따른 생산 및 출하계획을 수립하는 능력을 제고해야 한다.

그러나 **무엇보다도 가격 폭락 시에도 수익을 유지할 수 있는 가격위험관리가 중요하다. 농민들은 가격위험의 문제점을 이해하고, 가격위험을 회피하는 경영을 체질화하는 것이 필요하다. 투기적 경영을 지양하고, 정확한 정보를 바탕으로 합리적인 생산을 하기 위해 노력해야 한다.** 가격과 소득안정을 목적으로 하는 계약재배안정화사업이나 **유통명령제*** 등 정부정책에 적극적으로 참여하고, 농협 경제사업이 **시장지배력***과 **규모의 경제***를 얻을 수 있도록 이용률을 높이는 것도 중요하다.

정부와 농협은 각 품목에 적합한 가격위험 관리제도나 방법을 개발하고, 생산자들이 저렴하고 편리하게 사용할 수 있도록 제도적 완결성을 높이는 작업을 꾸준히 해야 한다. 부당 수령으로 논란을 빚고 있는 쌀소득보전직불제나 상인들의 밭떼기 거래에 밀려서 제 역할을 하지 못하는 계약재배안정화사업 등이 제대로 작동하도록 보완한다면 풍년기근은 옛날이야기가 될 수 있을 것이다.

용어해설

유통명령제

농산물 수급과 가격안정을 위해 도입되는 유통명령제는 농수산물유통 및 가격안정에 관한 법률(농안법)에 근거하는 제도이다. 농산물의 현저한 수급불안을 해소하기 위해 필요하다고 인정되고 유통조절추진위원회나 생산자단체의 요청이 있을 때 농림부장관이 명령하는 일종의 행정명령이다. 유통명령이 발령되면 생산 전량에 대해 규제가 가해진다. 결국 유통명령제의 강제력으로 물량을 조절하는 등 유통자체를 의도하는 방향으로 조정해 농가소득을 안정시키려는 정책을 말한다.

시장지배력

해당 재화나 용역(컨텐츠나 물건 등)이 소비 시장에서 갖고 있는 지배력으로 가격을 주어진 것으로 파악하는 것이 아니라 자신들이 결정하거나 영향을 미칠 수 있는 상태를 말한다.

규모의 경제

생산설비를 확대하여 생산량을 증가시키면 어느 한도까지는 재화를 한 단위 생산하는 데 평균적으로 들어가는 비용이 감소하게 되는 것을 의미한다. 즉, 각종 생산요소의 투입량을 증가시킴으로써 이익을 많이 올리는 것을 말한다.

농산물 유통개선과 콜드체인시스템

2002.12.02 식품신문

최근 소비자들의 소득과 소비 욕구의 다양성이 증가하고 사회구조의 변화 등으로 고품질, 다기능성 농산물에 대한 수요가 증가하고 있다. 농촌진흥청의 분석에 따르면 채소 구입 시 소비자들이 고려하는 가장 중요한 사항은 신선도와 안전성으로 가격보다 중요한 요인으로 들고 있다. 이와 함께 1990년대 들어 농산물 수입시장이 개방됨에 따라 저렴한 중국산 농산물의 수입이 급증하고 있는 실정에서 국산 농산물의 신선도 제고를 통한 품질고급화가 경쟁력을 강화시키는데 가장 중요한 요인으로 인식되고 있다. 이러한 농산물시장 개방과 소비자 수준의 향상에 대응하기 위한 농산물 품질고급화를 위하여 예냉과 저온저장 등 **콜드체인시스템**cold chain system*의 중요성이 부각되고 있으며, 정부와 산지에서도 이를 통한 고부가가치 창출을 위해 노력하고 있다. 특히 농산물의 유통경로에서 기존의 재래시장이나 동네의 슈퍼마켓에 비해 시장교섭력이 큰 대형유통업체의 시장점유율이 증가함에 따라 생산단계에서부터 최종 소비자에 이르기까지 신선도와 저장성을 제고시킬 수 있는 콜드체인시스템의 도입이 중요하다.

원예작물은 수확 후에도 지속적인 생리적 변화를 겪는다. 이들은 가공되거나 소비될 때까지 생명현상을 유지하기 위해 필요한 에너지를 광합성에 의한 저장양분으로부터 충당하며, 이러한 에너지 조달현상을 호흡이라 한다. 그러나 호흡 시 발생하는 호흡열은 작물의 체온 상승을 초래하여 농산물의 부패나 노화를 촉진시킨다. 따라서 수확 직후 호흡열의 제거는 원예작물의 신선도 유지에 매우 중요하며, 이를 위해 원예작물의 호흡을 억제시키는 것을 예냉pre-cooling이라 한다. 예냉은 저온저장-냉장수송-저온판매로 이어지는 콜드체인시스템의 출발점으로 유통혁신을 위해 반드시 필요한 작업이다. 미국을 비롯한 일본, 유럽 등 선진국에서는 이미 콜드체인시스템이 농산물유통의 당연한 서비스로 요구되고 있다.

저온유통체계는 궁극적으로 신선도와 저장성 제고를 통한 증산효과와 생산의 시간적 배분, 그리고 품질 향상의 효과를 통하여 생산자뿐만 아니라 유통업자와 소비자 후생의 증가를 가져온다. 생산자에게는 예냉처리에 의해 부패율과 품질하락이 감소되어 시장출하량이 증가하는 효과와 산지 저장기간이 길어짐에 따라 홍수출하 등에 의한 가격의 하락을 방지하는 출하관리를 가능하게 한다. 또한 예냉농산물에 대한 신뢰도와 브랜드가치 제고를 통해 농가수취가격을 제고하고, 유통기간의 확대를 통하여 국내외 지리적 시장의 확대를 가져온다. 유통업자의 입장에서는 저장기간이 연장됨에 따라 시장가격 변화에 대하여 탄력적으로 대응할 수 있으며, 신선도 제고를 통한 매장의 홍보 효과를 얻을 수 있을 뿐만 아니라, 농산물의 선도 향상을 통하여 유통 및 판매과정 상의 감모와 쓰레기 감소의 이득도 얻을 수 있다.

이러한 예냉의 필요성과 중요도에 대한 인식이 증가함에 따라 정부에서는 많은 예산을 투입하여 예냉시설의 설립을 지원하고 있으며, 산지에서도 높은 비용부담을 안고 예냉 시설을 운영하는 생산자가 증가하고 있다. 그러나 시설의 중복투자와 운영방식의 미숙 등 문제점이 지적되고 있다. 실제로 많은 예냉시설의 경우 저조한 가동율과 적절치 못한 예냉기술의 적용, 예냉농산물에 대한 제한된 유통경로 등으로 효과적인 예냉이 이루어지지 못하고 있다. 과채류의 유통은 아직도 도매시장을 경유한 소규모 소매상을 통한 비율이 높으며 콜드체인시스템이 도매시장에서 단절되어 예냉의 효과를 충분하게 얻기 어렵다.

개방화 시대에 예냉은 선택이 아니라 반드시 수행해야 할 마케팅 서비스로 인식해서 가급적 비용을 절감하고 효과를 극대화할 수 있도록 예냉 및 저온유통시스템 정책이 이루어져야 할 것이다. 특히 콜드체인시스템은 많은 초기 투자가 필요한 반면, 그 효과가 서서히 나타나기 때문에 민간의 노력만으로 이러한 유통서비스를 도입하기는 어려울 것이다. 효과적이고 효율적인 하드웨어예냉시설과 저온유통체계와 소프트웨어예냉기술과 예냉시설 운영, 예냉농산물 가격결정의 조화로운 발전이 중요하며, 이를 위해 정부와 학계의 지속적인 지원과 노력이 있어야 할 것이다. 또한 산지에서부터 이어지는 저온유통체계가 중간 유통단계에서 단절되지 않도록 하기 위해서는 소비자들의 예냉에 대한 인식과 이해를 제고하여 신선농산물의 예냉을 요구하게 하는 교육 및 홍보도 필요할 것이다.

용어해설

콜드체인 시스템

어류 · 육류 · 청과물 등의 신선한 식료품을 생산지에서 가정까지 저온을 유지함으로써 선도(鮮度)를 떨어뜨리지 않고 배송하는 방식을 말한다. 신선한 식료품의 수확은 자연조건에 좌우되어 불안정한데다가 유통기구가 복잡하여 생산자로부터 소비자까지 도달하려면 여러 단계를 거치게 된다. 따라서 소비자의 손에 들어갈 때까지는 오랜 시간이 걸려 선도가 떨어지거나 유통경비가 겹쳐 값이 비싸지며 가격의 변동 또한 심하여 이 불편을 해결하기 위한 수단으로 등장한 제도를 의미한다.

농산물 전자상거래의 발전방향

1999.8.23 농어민신문

기업이나 소비자가 전자매체, 특히 인터넷을 통하여 상품이나 서비스, 정보를 거래하는 전자상거래는 경제뿐만 아니라 인류의 모든 행동양식과 사고의 파라다임을 근본적으로 변화시키고 있다. 인터넷 전자상거래는 생산의 혁신을 통하여 자본주의를 태동시켰던 산업혁명보다 더욱 중요한 변화를 가져올 것으로 예상된다. 농업분야에서도 전화나 팩스 등을 통한 전자상거래를 시작으로 최근에는 인터넷을 이용한 본격적인 전자상거래가 시도되고 있다. 농협과 선도적 민간기업, 그리고 혁신적 개별 농가에 의하여 운영되는 농산물 전자상거래 사이트가 매일 증가하고 있으며, 그 내용도 다양해지고 있다.

최근 유통개혁을 농업정책의 최우선 과제로 추진하고 있는 정부에서도 농산물 전자상거래의 중요성을 인식하고 이의 확산을 위하여 여러 정책을 추진하고 있다. 농축산물을 취급하는 쇼핑몰을 개설하거나, 생산자나 농촌지역이 보다 쉽게 가상시장에 접근할 수 있도록 정보인프라를 구축하고, 농업 경영인에 대한 교육과 홍보를 강화하는 등 다양한 정책을 시행하거나 구상하고 있다.

이러한 정책들은 궁극적으로 전자상거래를 통하여 생산자와 소비자간 유통단계를 축소시켜 유통비용을 절감하는 것을 목표로 하고 있다. 그러나 농산물의 경우 도서나 음반, 소프트웨어, 또는 자동차나 가전제품 등의 전자상거래가 얻고 있는 성공을 기대하긴 어렵다. 전자상거래의 성공 요인 중 가장 중요한 것이 효율적인 물류의 뒷받침이다. 즉 유통혁신은 유통의 상류와 물류를 분리하여 각각을 효율적으로 수행할 때 이룰 수 있으며, 따라서 전자상거래라는 이름 뒤에 숨겨진 물류가 효율적으로 수행될 수 있어야 한다. 그러나 소비자가 가정에서 파 한 단, 소고기 한 근을 인터넷 쇼핑몰에서 주문상류할 수 있다 하더라도, 그 주문된 농산물이 기존의 유통체계보다 저렴하게 배달물류될 수 있을 지 회의적이다. 또한 전자상거래를 통한 생산자와 소비자간 직거래가 기존의 유통체계가 제공하고 있는 가공, 저장, 포장, 운송, 정보 등의 부가가치를 제공하기 어려울 것이다. 실제로 동네의 슈퍼마켓에서 구입하는 것보다 결코 싸지 않는 농산물을 소비자들이 직접 확인도 하지 않고 복잡한 절차를 거쳐 구매할 것을 기대하는 것은 무리이다. 물류의 혁신이 동반되지 않는 농산물 전자상거래는 결코 성공할 수 없다. 그러나 현실적으로 기존의 유통체계가 가지는 규모와 범위의 경제를 직거래가 얻을 수는 없을 것이다.

농산물 전자상거래가 생산자와 소비자를 잇는 직거래에는 효과적이지 못하더라도 생산자와 도매업자, 도매업자와 소매업자, 생산자와 소매업자, 유통업자와 대규모 소비처 등 기업 간 전자상거래에 보다 많은 가능성을 가지고 있다. 실제로 비농업 분야에서도 소매 전자상거래보다는 기업 간 전자상거래가 훨씬 많은 비중을 차지하고 있다. 이는 전자상거래가 효용을 추구하는 소비자보다는 이윤을 추구하는 기업 경영에 보다 유익하기 때문이다. 농산물의 경우도 기업 간 전자상거래는 규모의 경제와 다양하고 차별화된 거래를 통하여 성공적으로 수행될 수 있다.

따라서 **농산물 전자상거래의 발전전략은 도매위주의 기업 간 거래에 중점을 두어야 하며, 정부의 역할은 제도의 보완 및 구축, 교육과 홍보, 상품 및 시장참여자에 대한 표준코드화 등 인터넷 시장과 거래를 위한 하부구조 구축에 한정하여 자원을 집중하는 것이 바람직 할 것이다.** 농산물 전자상거래의 형태와 구조는 민간부문의 필요와 기술에 의하여 가장 효율적이고 합리적인 방향으로 결정될 것이며, 정부는 그러한 발전에 걸림돌이 되는 여러 제약들을 제거하고 비용이 많이 드는 공공 투자에 집중할 때, 농산물 유통개혁이 가시화 될 수 있을 것이다.

농산물 전자상거래 동향

(단위: 십억 원)

구분	거래액	농산물 거래액	비율	취급상품 범위별			
				종합몰		전문몰	
				전체	농수산물 거래액	전체	농수산물 거래액
2001	3,347	101	3.02	2,260	53	1,087	48
2002	6,030	307	5.09	4,389	225	1,641	83
2003	7,055	295	4.18	5,108	275	1,947	19
2004	7,768	280	3.60	5,621	250	2,147	30
2005	10,676	285	2.67	7,415	231	3,261	54
2006	13,460	312	2.32	9,571	238	3,889	74
2007	15,766	393	2.49	11,122	296	4,644	97
2008	18,146	493	2.72	12,964	380	5,181	113
2009	20,643	588	2.85	15,445	463	5,198	124

자료 : 전자상거래 및 사이버쇼핑 동향(통계청)

농산물 전자경매의 의미와 발전방향

2000.02 농민신문

농산물 도매시장의 가장 중요한 역할은 가격을 결정하는 것이다. 현재의 수요와 공급뿐 아니라 장래의 수급요인을 고려하여 신속하고 효율적으로 결정된 가격은 생산과 공급을 결정하고 소비구조를 조정하는 시장의 가장 중요한 지표이다. 신속하고 효율적인 가격은 경제주체들의 **가격탐색비용***을 절감시키고 유통마진을 적정화시키는데 필수적이다. 그러나 현실적으로 도매시장 가격이 효율적 자원배분기구로서의 역할을 제대로 수행하지 못하고 있다. 이는 작금의 경매체계가 갖는 불투명성과 불공정성에 기인한다. 또한 시장에서 결정된 가격이 각 경제주체에게 명확하게 전달되지 못하는 정보 전달체계와 통계 시스템상의 한계도 중요한 요인이다.

농산물 도매시장의 효율적 가격결정은 도매시장제도와 농업유통정책의 최우선순위에 있어야 한다. 이러한 점에서 최근 정부가 추진하고 있는 농산물 전자경매제도는 시의 적절하며, 반드시 성공적으로 정착되어야 한다. 전자경매는 금융시장과 상품시장을 막론하고 전 세계적인 제도권 시장에 경쟁적으로 도입되고 있다. 이는 무엇보다도 전자경매가 갖는 비용효율성과 전자경매를 통하여 결정된 가격의 공정성과 투명성, 그리고 가격 및 물량정보의 저렴하고 신속한 전달체계에 기인한다. 이해당사자들의 반대와 주변의 불신에도 불구하고 전자경매를 최초로 도입한 대전중앙청과는 전자경매가 급변하는 유통환경 속에서 생존하는데 필수적임을 이해하고 있었다.

농산물 전자경매의 가장 중요한 의미는 이를 통해 비로소 유통혁신이 가능하다는 데 있다. 전자경매를 통한 공정하고 투명한 가격은 자원이용의 낭비를 줄이고 보다 정확한 경영의사결정을 가능하게 한다. **전자경매를 통해**

상류와 물류가 분리될 수 있고, 이는 물류혁신의 전제조건이 된다. 뿐만 아니라 전자경매는 농산물 전자상거래를 활성화시키고 도매시장의 지리적 확장과 통합을 가능하게 하여 유통마진을 절감시킨다. 일부 품목에 대해서는 농산물 전자경매가 궁극적으로 도매법인과 도매시장의 공간적 벽을 허물게 될 것이다.

농산물 전자경매가 성공적으로 정착되기 위해서는 정부의 일관성 있는 정책과 도매시장의 적극적인 도입 노력이 필요하다. 최근 정부의 지원에 힘입어 등장한 직거래나 신유통 체계의 가격결정기구는 개별적이고 배타적이기 때문에 가격의 효율성 측면에서 보면 오히려 부정적일 수 있다. 그 실효성은 논외로 하더라도 이중경매나 **기록상장*** 등의 폐단을 막아 유통마진을 절감한다는 명분으로 도입된 도매상제도나 상장예외품목의 확대 등도 전자경매의 안착을 저해하는 중요한 요인이다. 유통마진의 절감보다 공정하고 효율적인 가격결정과 신속한 정보의 확산이 훨씬 더 중요하다는 사실을 이해해야 한다.

성공적인 전자경매제도의 필수조건인 표준·등급제도의 정비와 은밀한 부정거래의 감독, 신용거래의 정착도 정부의 중요한 역할이 된다. 또한 전자경매가 장기적으로 농산물시장을 어떻게 변화시킬 것인가에 대한 이해를 바탕으로 세밀한 발전계획을 수립하여야 할 것이다. 이에 따라 경매제도를 비롯하여 농산물 유통정책 및 제도의 단계적 보완과 정비가 수반되어야 한다.

도매시장은 현재 제각각 도입하고 있는 경매시스템을 표준화시키는 작업을 우선적으로 시도하여야 한다. 이는 같은 시장 내에서 결정된 가격들이 일물일가를 이루는데 필수적이며, 향후 구조조정과정에서 발생할 수 있는 법인과 법인, 시장과 시장간의 통합을 위하여 필요하다. 경매시스템의 표준화는 또한 전자경매 도입에 따른 시행착오를 줄이고 규모의 경제를 제공할 것이다. 도매시장은 이와 함께 **통명거래***와 신용거래의 정착을 위하여 노력하여야 하며, 가격정보의 가치를 높이기 위해서 모든 시장이 동일한 표준규격제를 적용하는 노력도 필요하다. 전자경매는 선택이 아니라 유통개혁과 경쟁력 강화를 위한 필수임을 이해하여 조기에 성공적으로 정착될 수 있도록 힘과 지혜를 모아야 할 것이다.

용어해설

가격탐색비용

가격탐색비용은 소비자가 상품 가격에 지불하는 정보 수집, 협상, 물리적 이동 등을 총칭하는 거래비용(transaction cost)의 일종으로, 상품의 필요성이나 최저 가격 여부 등을 결정하는 과정에서 일어난다.

기록상장

실질적인 경매에 의하지 않고 서류상에만 등재하여 경매가 이루어진 것처럼 처리하여 유통시키는 편법을 말한다.

통명거래(transaction by description)

구매자가 상품을 직접 눈으로 보지 않고 견본이나 이름만으로 이루어지는 거래를 말한다. 통명거래가 이루어지기 위해서는 등급화, 공동출하, 공동선별, 표준규격출하가 이루어져야 하나, 이를 통해 거래 시간을 단축하고, 거래비용을 획기적으로 줄일 수 있다.

전자식 경매가 가락시장 도매법인의 효율성에 미치는 영향 분석 요약

(서경남, 고려대학교 식품자원경제학과 석사학위 논문, 2010.2)

가락시장 농산물 전자식 경매에 따른 실시간 경락가격 전파가 도매법인 간 가격분포의 동일성과 일물일가 성립을 강화시켜 시장 효율성을 제고시켰다. 또한 전자식 경매가 농산물 유통의 고질적인 문제인 가격 변동성을 상당부문 완화시키는데 크게 기여하였다. 출하자의 입장에서는 경매가격 진폭 완화로 안정적인 출하처 확보와 출하 리스크를 감소시킬 수 있었다. 전자식 경매 가격결정 방식의 투명성 확보로 경매담합 등 경매비리에 대한 감시비용을 크게 감소시키는 등 상장경매 도입 취지인 투명성과 공정성을 향상시키는데 전자식 경매가 중요한 역할을 하였다.

ⓒ 영천시

파생상품을 아십니까?

2008.11 숭문회보

대학에서 파생상품을 가르치는 필자에게 학생들이 왕왕 질문을 한다. "교수님도 선물이나 옵션 투자를 하십니까?" 질문의 속뜻은, 파생상품을 가르치는 교수는 선물이나 옵션에 전문가이니 당연히 실전 투자를 할 것이고, 그에 따른 수익률이 궁금한 것이다. 결론부터 얘기하면, 필자는 파생상품에 투자를 하지 않을 뿐만 아니라, 주변 사람들이 수익을 목적으로 투자하는 것을 말리는 편이다. 특히 학생들이 다음 학기 등록금을 벌기 위해 어설픈 실력으로 파생상품에 투자하는 것을 절대 못하게 한다. 파생상품 거래는 그만큼 위험하고, 시장이 효율적이어서 초과수익을 얻는 것이 거의 불가능하기 때문이다.

최근 서브프라임 사태를 촉발시킨 **CDS**credit default swap*나 환율 방어를 위한 키코kiko, 미국과의 **통화 스왑**currency swap* 등이 매스컴에 오르내리면서 파생상품에 대한 관심이 높아지고 있다. 파생상품derivatives이란 그 자산의 가치가 어떤 기초자산underlying asset의 가치에 의해 결정되는derived 상품을 의미한다. 선물이나 옵션, 스왑, 보험 등이 여기에 해당한다. 파생상품의 기초자산으로는 주식, 채권, 부동산, 금, 곡물 등 변동하는 가치를 가지는 모든 자산이 대상이 된다. 최근 MB 정부의 녹색성장 기조로 급부상한 **탄소배출권***을 비롯하여 날씨나 파산bankruptcy 등도 파생상품의 대상이 된다.

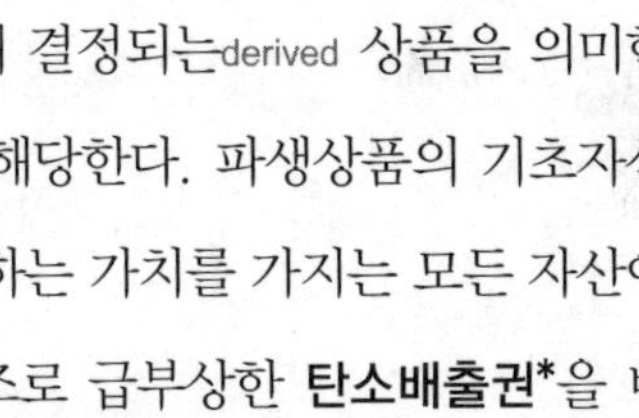

파생상품은 키코KIKO의 사례에서 보듯이 수익구조가 대단히 복잡하고 **레버리지**leverage*가 매우 높기 때문에 투자위험이 크고 일반인들의 접근이 어렵다. 그러나 우리의 일상적인 경제생활은 부지불식간에 다양한 종류의 파생상품과 연계

되어 있다. 자동차보험이나 화재보험을 사는 것도 파생상품을 사는 것이다. 납품업체와 계약거래를 하거나 밭떼기 거래를 통해 유통되는 배추를 사는 것도 파생상품을 이용하는 것이다. 은행에서 고정금리로 대출을 받는 것도 파생상품이 있기 때문에 가능하다.

파생상품은 기본적으로 실물경제 활동에서 발생하는 위험을 관리하기 위한 수단으로 개발되었다. 위험은 합리적인 경영의사결정을 방해하기 때문에 문제가 된다. 경영활동에 관련되어 있는 위험을 제거하는 행위를 헤지hedge라고 한다. 헤지란 "울타리를 치다" 또는 "양다리를 걸치다"라는 뜻으로, 내가 가지고 있는 경제상황을 시장위험으로부터 보호하는 행위라고 할 수 있다. 파생상품은 위험을 없애기 위해 양다리를 걸치는 대상이 된다. 헤지를 하는 기업은 현물 포지션과 반대되는 파생상품 포지션을 취함으로써 위험에서 자유로워지며, 경영에 전념할 수 있다.

그러나 헤지를 한다고 해서 시장에 존재하는 위험이 홀연히 사라지는 것은 아니다. 시장 위험은 그대로 존재하며, 헤저hedger가 가지고 있는 위험이 다른 사람에게 이전되는 것이다. 이렇게 위험을 이전받는 사람을 투기자라고 하며, 투기자들은 헤저로부터 위험을 전해 받은 대가로 위험프리미엄risk premium을 추구한다. 즉 투기자들은 위험에 대한 보호protection를 파는 것이고 헤저hedger들은 이를 프리미엄을 주고 사는 것이다.

이와 유사한 것이 보험계약이다. 우리가 보험을 살 때 지불하는 보험료는 위험프리미엄에 해당한다. 그러나 보험회사의 경우에는 보험가입자와의 계약에 의해 정해진 보험료를 수취하지만, 파생상품시장의 투기자는 자기가 떠안은 위험에 대한 보상이 보장되지 않는다. 시장에 투기자들이 많을수록 위험에 대한 프리미엄이 낮아지며이는 헤저들에게는 좋은 현상이다, 돈을 벌 가능성은 더욱 적어진다.

항상 다양한 종류의 시장위험에 직면해 있는 기업의 입장에서 파생상품을 잘 이해하고 활용한다면 득이 된다. 그런 측면에서 키코의 경우는 파생상품에 대한 이해의 부족에서 발생한 참사라고 볼 수 있다. 여러 복잡한 옵션을 합성하여 만든 키코Knock-in and knock-out option의 수익함수는 헤지의 수단이 되지 못하게 디자인되어 있었다. 오히려 환율이 크게 변동할 경우 더 커다란 위험에 노출되는 상품이다. 이 상품을 판 은행들이 이 위험을 정확하게 설명하지 않았다면 그 참사의 책임은 은행에게도 있다.

길지 않은 금융시장사史에서 파생상품으로 몰락한 금융기관이 적지 않음을 고려할 때 이는 전문가들도 다루기 어려운 영역임에 틀림없다. 파생상품을 가르치는 필자가 선물이나 옵션거래를 하지 않는 이유가 있는 것이다. 그러나 **실물경제에서 활동하는 기업이나 경제행위자들에게 파생상품은 유용한 위험관리 수단이 된다. 욕심을 부리지만 않는다면. 파생상품을 잘 이해하고 활용할 수 있다면 도처에 위험이 도사리고 있는 현실 경제에서 소중한 무기를 가지고 있는 것과 같다.**

CDS

신용파산스왑(Credit Default Swap, CDS)이란 신용파생상품의 가장 기본적인 형태로, 채권이나 대출금 등 기초자산의 신용위험(credit risk)을 전가하고자 하는 매입자가 일정한 수수료(premium)를 지급하는 대가로 기초자산의 채무불이행 등 신용사건 발생 시 신용위험을 떠안은 매도자로부터 손실액 또는 일정금액을 보전 받기로 약정하는 거래를 말한다.

통화스왑(currency swap)

통화스왑이란 두 차입자가 서로에게 필요한 통화로 차입한 다음, 자금의 원리금 상환을 상호 교환하여 이행하기로 약정하는 거래를 말한다. 개방화된 경제 환경 하에서 다른 나라의 통화가 필요할 경우 해당 기업은 외환시장에서 차입하는 방법으로 다른 나라의 통화를 사용하는데, 다른 통화에 대한 거래빈도가 낮아 조달비용이 높을 경우 어려움을 겪게 된다.

통화스왑은 이종 통화를 사용하는 기업 가운데 우리나라 통화가 필요하여 같은 어려움에 직면한 기업과 통화를 맞바꿈으로써 서로 이익을 보는 거래로, 거래를 통해 발생하는 이익은 각 기업이 유리한 조건으로 차입할 수 있는 통화와 실제로 필요한 통화를 조달했을 때 발생하는 조달비용의 차이로 볼 수 있다.

탄소배출권

탄소를 배출할 수 있는 권리. 온실가스 감축의무가 있는 기업들이 직접 많은 비용을 들여서 감축하기보다는 시장에서 보다 저렴한 배출권을 구입하여 의무를 이행할 수 있게 하는 금융상품이다.

레버리지(leverage)

지렛대라는 뜻의 레버리지란 외부자금을 이용하여 높은 수익을 추구하는 투자행위를 의미한다. 예를 들어 10억 원의 자기자본을 들여 1억 원의 수익을 얻으면 자기자본이익율이 10%지만 5억 원의 자기자본과 5억 원의 차입금을 이용하여 동일한 수익을 얻으면 자기자본이익율은 20%가 된다. 자기자본이익율이 차입비용보다 클 경우 레버리지는 효과가 있지만 과도한 레버리지는 투자의 위험을 키워 안정성을 저해한다.

노벨경제학자, 키코에 대해 증언하다.

2005년 노벨 경제학상을 수상한 뉴욕대의 엥글(Robert Engle) 교수는 키코(KIKO)가 은행이 폭리를 취할 수 있게 디자인 되어 있다고 법정에서 증언함으로써 키코 문제가 국제적인 학문 논쟁으로 비화하였다. 엥글 교수는 주가나 환율의 동태적 움직임을 보다 정확하게 분석할 수 있는 ARCH(Autoregressive Conditional Heteroskedasticity) 모형을 만들어 가격 예측의 정확성을 한 단계 올린 공로로 노벨경제학상을 수상하였다. 필자의 박사학위 논문 "The Distribution of Speculative Prices(Purdue University, 1989)"도 ARCH 모형을 이용하여 분석한 바 있다.

그러나 필자가 보는 키코의 가장 커다란 문제점은 키코 상품의 불공정성에 있는 것이 아니라, 국내 은행이 이 상품을 중소기업에게 팔면서 키코가 가지고 있는 가공할 만한 손실의 가능성을 정확하게 설명하지 않았다는데 있다. 즉 위험고지의 의무를 위반한 것으로, 이는 두 가지 원인에 기인할 것이다. 이 상품을 파는 은행 영업라인이 파생상품에 대해 잘 모르기 때문에 제대로 설명하기 어려운 것이 첫 번째 이유이고, 설사 이에 대해 설명을 한다 하더라도 이 상품을 사는 기업의 재무담당자, 역시 파생상품에 대해 잘 모르거나 위험에 무감각한 것도 중요한 원인일 것이다. 파생상품은 양날의 칼을 가진 도구이다. 잘 이용하면 기업 경영에 유용한 수단이 될 수 있으나, 잘못 사용하면 스스로를 베는 흉기가 될 것이다.

노벨상 美교수 "키코는 은행 폭리 구조"
"은행 기대이익, 기업보다 4.6배 높아"

시중은행이 중소기업을 상대로 판매한 키코(KIKO · 통화옵션파생상품)가 기업보다 은행의 기대이익이 훨씬 크게 설계된 불공정한 상품이라는 주장이 나왔다.

키코로 피해를 입은 중소기업의 모임인 환헤지피해기업공동대책위원회는 미국 뉴욕대 로버트 F.엥글 교수를 비롯한 국내외 전문가 5명에게 D사 등 17개 업체의 키코 계약서를 분석 의뢰한 결과 이같이 나타났다고 17일 밝혔다.

분석 결과에 따르면, 키코상품을 구성하고 있는 풋옵션 가치(기업의 기대이익)와 콜옵션 가치(은행의 기대이익)을 '헤스톤 옵션모형'으로 계산한 결과 은행은 기업이 받는 프리미엄 143억원보다 평균 4.6배 많은 656억 원을 받도록 상품을 설계했다.

이를 은행 측이 주장하는 '블랙-숄즈 모형'으로 계산하더라도 2.2배가량 차이가 나는 것으로 분석됐다. 즉 키코는 상품 설계 단계에서 은행이 폭리를 취하도록 만들어졌다는 것이 분석팀의 주장이다.

여기에 은행 측은 콜옵션이 행사(Knock-in)될 확률이 거의 없었기 때문에 행사 시 매도금액을 약정금액의 2배로 정했다고 주장했으나, 엥글 교수팀은 콜옵션이 행사될 확률이 처음부터 50%에 달했다고 분석했다.

또 피해 기업이 키코계약에서 입을 수 있는 최대 손실금액을 분석해 본 결과, 기업들이 입을 수 있는 최대손실 금액은 은행보다 평균 100배 정도 높은 것으로 나타났다.

피해기업 중 한 곳은 신뢰수준 99% 범위에서 최대 216억 원까지 손실을 볼 수 있지만, 은행은 손실 범위가 최대 9천100만원에 불과해 기업의 손실위험이 은행보다 무려 235배나 높은 것으로 분석되기도 했다.

(후략)

(서울=연합뉴스) 홍지인 기자

농산물 가격위험과 선물시장의 활용

2001.08 농수축산신문

최근 농촌경제연구원의 조사결과 우리 농민들이 농사를 짓는데 가장 어려운 점으로 가격의 불확실성을 들고 있다. 수확이나 출하 전 생산량을 미리 결정해야 하는 농민들은 출하 시의 가격이 불확실한 경우, 적절한 위험관리 수단이 존재하지 않는다면, 생산을 감소시켜 자원을 아껴둠으로써 위험에 대처한다. 이는 사회 전체적으로 자원의 비효율적인 이용과 후생의 감소를 가져온다. 한국의 경우 쌀을 제외한 대부분의 농산물 생산자들은 이러한 극심한 가격위험에 거의 무방비상태로 노출되어 왔다. 오히려 경제발전과정에서 정부가 추진해 왔던 농산물 저가정책은 농업생산자들에게 불공평한 가격위험을 제공하였다. 즉, 가격 상승 시에는 정부의 개입비축물량의 방출과 수입으로 가격 상승의 이득을 취하지 못하고, 가격 하락 시에는 생산자가 그 위험을 관리해야 하는 상황이 지속되었다. 이러한 농업경영상의 위험은 최근 수입자유화와 과잉생산기조 등 농업 내외의 변화로 인하여 더욱 심각한 문제로 등장하고 있다.

농산물 가격의 불확실성을 관리하는 방법으로 생산이나 유통정책을 통한 물량조절과 정확하고 신속하게 생산 및 출하정보를 제공하는 농업관측시스템의 구축 등이 있다. 그러나 이러한 접근방법은 많은 비용을 요구할 뿐만 아니라 그 효과도 의문 시 된다. 이를 위한 보다 효과적인 방법으로 선물거래를 통하여 위험을 제거하는 헤징을 들 수 있다. 선물거래란 밭떼기라고 하는 선도거래를 표준화하여 선물시장이라는 제도적 시장에서 거래하는 것이라 할 수 있다. 선도거래를 밭에서 하지 않고 선물시장에서 할 경우의 장점은 매우 크다. 우선 밭떼기는 개개의 농민과 수집상 사이에 발생하기 때문에 농민들이 가격을 고정시키는 대가로 수집상에게 지불하는 보상위험프리미엄이 매우 클 뿐만 아니라, 그 보상이 얼마나 적정한 수준인지 알 수가 없다. 또한 밭떼기 가격은 두 당사자 외에는 대체로 알려지지 않기 때문에 선도가격이 갖는 중요한 정보가 사장되어 농민들의 가격발견비용이 크게 된다.

이에 반하여 **선물거래는 표준화된 상품을 많은 투자가가 거래하기 때문에 위험프리미엄이 상대적으로 적을 뿐만 아니라, 거래가 시장의 모든 정보에 의해 결정되기 때문에 보다 정확한 미래가격이 모든 시장의 참여자에게 즉시로 제공될 수 있다. 뿐만 아니라 선물시장에서 헤지된 상품은 생산자의 신용도를 제고시켜 금융비용을 절감시킨다.** 이러한 장점들로 인하여 미국에서는 이미 150년 전에 농산물을 중심으로 한 선물거래가 이루어지고 있으며, 일본과 유럽 등 많은 국가들이 선물시장을 개설하여 농민을 비롯한 관련업계가 농산물 가격의 불확실성에서 오는 위험을 스스로 관리할 수 있는 기회를 제공하고 있다.

이러한 선물시장이 우리나라에도 1999년부터 개설되어 국채와 환율, 코스닥 주가지수 등 금융선물을 중심으로 운영 중에 있다. 그러나 여러 가지 이유로 농산물 선물은 아직 거래되고 있지 않다. 농산물 선물거래를 위해서는 우선 선물시장에 농산물이 상장되어야 하며, 이를 위해서는 대상상품의 선정과 표준화, 관련 산업을 중심으로 한 저변확대 등이 필요하다. 학계에서는 그간 선물시장에 상장시킬 수 있는 농산물을 모색하였고, 수입옥수수와 돈육 등 몇몇 품목에 대한 심층적인 연구가 수행되었다. 최근 한국선물거래소는 수입옥수수의 상장가능성을 인식하여 적극적으로 추진하고 있다. 수입옥수수의 상장은 사료업계나 축산업계, 식품가공업계 등에 가격위험을 저렴하고 효과적으로 제거할 수 있는 기회를 제공할 뿐만 아니라, 여타 농산물 상장의 계기를 마련하는 것으로 이는 가격의 불확실성으로 어려움을 겪는 농업관련

산업 전체를 위해서 매우 고무적인 일이다.

미국을 비롯한 선진국들은 가격의 위험뿐만 아니라 단수나 날씨의 변동, 재해 등으로 인한 경영위험에 대한 헤지도 효율적으로 수행할 수 있는 선물 및 옵션상품을 개발하고 있다. 그럼에도 불구하고 우리의 실정은 정부의 물량조절 정책을 요구하거나 대책 없이 한숨만 쉴 뿐 이러한 저렴하고 효과적인 제도를 이용하고자 하는 노력이 매우 미미하다. 이러한 노력은 시장의 특성상 정부의 역할을 우선적으로 요구한다. 미국의 선물시장이 미농무성의 상품거래소국CEA에서 시작하여 하원의 농업위원회가 탄생시킨 현재의 상품거래위원회CFTC의 관리책임 하에 있다는 것은 선물시장에서 차지하는 농업의 중요성을 시사해 준다. 우리의 경우 농산물 선물거래를 위한 농림부의 능동적인 역할이 무엇보다도 중요하다. 이와 함께 농업관련단체나 업계의 적극적인 참여와 협조가 이루어져야 한다. 이를 위해서 농산물 선물시장의 중요성에 대한 인식과 선물거래에 대한 이해가 선행되어야 함은 물론이다.

상품거래소 설립, 가시화 되다.

기획재정부는 2009년 12월 금을 비롯한 농산물, 원자재 등을 거래하는 상품거래소의 설립을 추진한다고 밝혔다. 필자는 2009년 7월 광주광역시의 의뢰를 받아 가칭 "광주상품거래소"의 설립타당성에 대한 연구를 수행하였다. 이 외에도 대구광역시를 비롯하여 서울특별시, 새만금 등에서도 상품전문거래소의 설립을 추진하고 있다.

현행법(자본시장법)에 의하면 선물이나 옵션 등 파생상품의 장내거래는 오직 한국거래소(KRX)에서만 할 수 있도록 명시하고 있다. 따라서 상품거래소가 설립되기 위해서는 KRX의 독점적 지위를 해소하는 법 개정이 이루어져야 한다. 또한 신설될 상품거래소의 성패는 적합한 파생상품의 선정과 합리적인 계약명세의 결정에 달려 있다. 필자의 연구에 의하면 광주상품거래소에 적합한 상품으로는 채소지수와 탄소배출권, 석유제품 등이 고려될 수 있다.

© http://www.ibtimes.com

농산물 '선도거래 청산소' 도입하자

2008.06.18 농민신문

우리 농민들은 농사를 짓는 데 가장 어려운 점으로 농산물 가격의 불확실성을 들고 있다. 특히 채소작물의 경우 거의 매년 가격 폭락과 폭등이 되풀이돼 위태로운 곡예 경영을 하고 있다. 이들 농가는 가격위험을 없애기 위해 주로 '밭떼기 거래'라고 불리는 선도거래를 하고 있는데, 배추 · 무 등 저장성이 약한 작물은 선도거래 비중이 70~80%를 차지하고 있다.

농민들은 밭떼기 거래를 통해 가격위험을 없애기도 하지만 상인들이 계약을 불이행했을 때는 위험에 그대로 노출된다. 이에 정부는 표준계약서를 도입하는 등 계약불이행의 위험을 줄이기 위해 노력하지만 상인들의 우월적 지위 등으로 인해 여전히 구두계약이 성행하고 있다. 정부는 10여 년전 부터 '계약재배안정화사업'을 도입해 운영하고 있다. 이 사업은 농가와 사업주체인 농협이 자율적으로 계약가격과 가격범위를 정해 거래하고, 만약 수확기 시장가격이 이를 벗어날 경우 손익을 농가와 농협이 일정 비율로 분배하는 보다 합리적인 형태의 계약이다. 그러나 이 사업이 제도적 장점에도 불구하고 더 이상 확대되지 못하는 가장 중요한 원인은 경쟁 상대인 밭떼기 상인들이 농민들에게 보다 많은 서비스를 제공해주기 때문이다. 상인들은 밭떼기 거래 때 농가 대신 수확해주거나 많은 선급금을 지불하는 등 편의를 제공해준다. 농가들이 계약불이행 위험을 무릅쓰고 밭떼기 거래를 하는 것은 상인들이 제공하는 추가적인 서비스를 중시하기 때문으로 해석할 수 있다.

농가 입장에서는 보다 유리한 정산조건인 계약재배안정화사업에 밭떼기 상인이 제공하는 서비스를 결합하거나, 밭떼기 거래에서 계약불이행 위험을 제거하는 것이 가장 최상일 것이다. 그러나 계약재배안정화사업의 주체인 농협은 상인이 제공하는 그 같은 서비스를 제공하기가 쉽지 않다. 따라서 그 대안으로 밭떼기 거래의 계약불이행을 제도적으로 차단하는 농산물 '선도거래 청산소clearing house'의 설립을 고려해볼 만하다.

이 기구의 역할은 일단 매매계약이 체결되면 계약 쌍방의 중간에 서서 각 계약 당사자의 상대자로서 계약 이행을 책임지는 금융기구이다. **선도거래의 문제점을 제도적으로 보완하기 위해 만들어진 선물거래의 한 과정인 청산(clearing)은 계약이 이행되지 않을 수 있는 신용위험을 제거하는 가장 중요한 제도적 장치다.** 최근 금융기법이 발전하고 시장의 규모가 커지면서 선도시장의 계약불이행 위험을 없애고자 하는 수요가 급증하고 있다. 이에 따라 외환과 상품 등의 장외 선도시장에서 계약을 보증해주는 청산소가 적극 활용되고 있다. 청산소는 계약의 신뢰성과 시장의 유동성을 높여 시장효율성을 제고하고 가격위험을 관리하는 비용을 절감시킨다.

설립 방안은 다양한 형태가 고려될 수 있다. 모든 선도거래의 청산 의무화 여부, 청산소 설립 및 운영주체, 자본금의 규모와 조달 방식, 감독주체의 선정 등 검토해야 할 사안이 많을 것이다. 그러나 청산소는 선도거래의 계약불이행 위험을 제도적으로 없애 밭떼기 거래를 할 수밖에 없는 많은 농가들의 경영안정에 크게 기여할 것이다. 선도거래 청산소는 향후 농산물 선물 및 옵션 등 파생상품 시장의 도입에도 견인차 역할을 할 수 있다.

농산물 선도거래 청산소 도입 방안 요약

(양승룡 · 서경남 · 이춘수, 유통연구 2009.12)

생산농가 및 산지유통인에 대한 설문조사 결과 생산농가의 96%가 선도거래를 선호하는 것으로 응답하였고, 80%가 선도거래 시의 문제점으로 산지유통인의 계약파기 또는 감액요구를 지적하였다. 농산물 선도거래 청산소의 도입에 대해서는 생산농가의 86%가 찬성한 반면, 산지유통인은 31.4%가 찬성하였다.

선도거래 청산소의 기대효과는 다음과 같다. 첫째, 신용 파괴 행위를 방지함으로써 선도거래를 활성화시키고, 안정적인 가격 위험 헤징이 가능할 수 있도록 한다. 둘째, 청산소에 의해 신용위험이 제거된 계약은 제 3자에게 이전될 수 있으며, 이에 따라 계약의 가치가 증가하고 시장의 유동성과 효율성이 제고될 수 있다. 셋째, 선도거래 청산소는 농가의 담보력을 제고시킨다. 넷째, 산지유통인의 경우 청산소 도입을 통해 거래비용을 절감할 수 있다. 마지막으로 청산소는 일일거래에 대한 정보를 공표함은 물론 시장참여자들의 포지션에 대한 분석을 제공함으로써 시장의 정보를 전파하고, 이를 통해 시장의 효율성을 제고시킨다.

선도거래 청산소는 향후 농산물 선물 및 옵션 등 파생상품 시장의 도입에 견인차 역할을 할 수 있다. 정부의 역할이 줄어들 수밖에 없는 시장개방 시대에 정부의 위험관리 정책을 보다 효과적이고 효율적으로 대체할 수 있는 시장기구의 도입은 필수적이다. 국내외의 충분한 사례와 경험으로부터 시행착오를 줄이고, 국내 농산물 유통 환경에 부응하는 방안으로 설립, 운영되어야 한다.

농산물 "평년가격"의 허와 실

2001.02.28 농수축산신문

농산물 가격의 지속적 하락과 높은 변동성은 농업경영의 가장 커다란 문제이다. 특히 불확실한 가격 변동은 농업경영의 투기화를 조장하고 농가부채의 악순환을 야기하는 주원인이 된다. 따라서 농산물가격의 움직임을 보다 정확하게 가늠할 수 있는 관측시스템의 개발은 정책당국이 담당해야 할 가장 시급하고 중요한 업무라고 할 수 있다. 2001년 1월 한국농촌경제연구원이 주최한 농업관측대회에 1000명에 가까운 청중이 참여한 것은 이러한 관측업무에 대한 수요를 단적으로 보여주고 있다.

최근 농림부는 45개 주요 농산물의 가격을 일목요연하게 보여줌으로써 농업인들의 영농계획과 정책당국의 가격대책을 보다 효과적으로 수립할 수 있도록 농산물 "평년가격" 서비스를 개시하였다. 평년가격이란 최근 5개년 가격 중 최고치와 최저치를 제외한 3개년 이동평균가격으로, 이는 평균에서 "아주 멀리" 떨어져 있는 특별한 경우를 제외함으로써 평상시에 볼 수 있는 가격의 평균적인 수준을 계산하는 것이다. 이렇게 농산물가격의 변동폭을 순화(?) 시키는 것은 어떤 해의 이상기후나 극심한 병충해 피해 등으로 인한 가격의 극심한 변동을 제외시켜 그러한 경우가 아닌 "평년"의 가격을 제시하고자 하는 것이다. 이와 함께 농산물 가격이 일반적인 통계예를 들면 흔히 사용하는 "평균가격"가 보여주는 것과는 달리 그렇게 극심한 변동을 하는 것이 아니라는 것을 소비자나 생산자들에게 인식시키고자 하는 것도 중요한 이유이다.

그러나 **가격통계는 가격변동이 심하면 심한 대로, 적으면 적은 대로 그 움직임을 정확하게 나타내 주어야 경영인들은 보다 정확한 생산의사결정이나 출하의사결정을 할 수 있고, 소비자들은 합리적인 소비의사결정이나 재고관리를**

할 수 있을 것이다. 이런 점에서 평년가격은 농산물가격의 평균적인 움직임을 나타내 주는 통계량으로 적절하지 못하다.

우선, 평균에서 멀리 떨어져 있는 경우가 상대적으로 자주 발생한다면 평균에서 멀리 떨어져 있다는 이유로 제외되어서는 안 될 것이다. 왜냐하면 평균에서 멀리 떨어져 있을 확률이 그 만큼 많기 때문에 그것은 극히 예외적인 현상이 아니며, 따라서 금년도에도 그러한 현상이 발생할 가능성이 많기 때문이다. 만약 평균에서 멀리 떨어져 있는 경우가 매우 드물다면, 평년가격은 아주 드문 경우의 극심한 변동은 제외할 수 있지만, 절대 다수 평상시의 최대와 최소를 제외시킴으로써 가격의 평균적인 움직임을 왜곡시킨다. 이 경우 평년가격과 "평균가격5개년 가격 모두 이용한" 간의 괴리가 심할 것이며, 당연히 평균가격이 더 정확한 통계량이 된다. 평년가격은 빈대 잡다 초가삼간 태우는 격이다.

미국, 일본, 유럽, 호주 등 선진국 어느 나라도 평년가격을 평균을 나타내는 통계량의 대표주자로 발표하지 않는다. 이는 그들의 농산물 가격이 우리나라의 가격보다 얌전해서가 아닐 것이다. 평년가격은 아주 특별한 경우가 아주 드물게 발생할 경우에만 유효하며, 이 경우도 "평균가격"과 같이 발표됨으로써 비교의 기능으로 그 역할을 할 뿐 그 자체가 적절한 평균이 될 수 없다. 가격정보는 농업경영인들에게 그 어떤 정보보다 중요하다. 그러나 가격이 폭등과 폭락을 거듭한다고 하여 가격의 변동성을 축소하여 발표하기보다는 실제로 가격의 변동성이 축소될 수 있는 정책수단을 모색하고 보다 효율적인 관측시스템을 개발하는 것이 필요하다.

평균의 의미

평균은 우리 일상생활에서 의식적이든, 무의식적이든 매우 자주 사용하는 개념이다. 그럼에도 불구하고, 평균을 계산하는 방법은 쉽게 찾을 수 있지만, 평균의 의미에 대해 명확하게 설명하고 있는 자료는 거의 없다. 지식백과사전인 위키백과에서 '평균'을 검색하면 아래의 내용이 뜬다.

평균(통계학)

통계학에서 평균(平均)에는 두 가지 서로 연관된 뜻이 있다.

- 일상에서 평균이라고 부르는 것으로 산술 평균이라고도 한다. (기하 평균이나 조화 평균과는 구별된다.) 이 평균은 표본 평균이라고도 한다.
- 확률변수의 기대값. 모평균이라고도 한다.

평균은 통계학뿐만 아니라 기하학이나 해석학에서도 쓰인다. 이러한 목적으로 통계학에서는 그다지 많이 쓰이지 않는 다양한 평균이 고안되었다. 이러한 평균에 관해서는 다른 평균 항목을 참고하라. 표본 평균은 모평균 같은 중심성향에 대한 추정량으로 자주 쓰인다. 그러나 다른 추정량이 쓰이기도 한다. 실수값을 갖는 확률 변수 X에 대해서, 평균은 X의 기대값이 된다. 기대값이 존재하지 않는다면 그 확률 변수에는 평균이 없다.

자료 집합에 대한 평균은 단순히 모든 관측값을 더해서 관측값 개수로 나눈 것이다. 일단 자료 집합의 공통성을 이렇게 설명하기로 하면, 관측값이 어떻게 다른지 설명하는 데는 보통 표준편차를 쓴다. 표준편차는 (평균에 대한) 편차 제곱을 평균한 값의 제곱근이다.

위의 내용으로 평균의 의미를 알 수 있다면 통계학자나 수학자임에 틀림없다. 필자가 정의하는 평균이란 우리가 관심을 갖는 대상을 생각할 때 떠 올릴 수 있는 값이다. 즉, 내년도 배추가격이나 주식가격, 인구수 등을 예측할 때 가장 쉽게 사용할 수 있는 추정치이다. 현재와 비교해서 10년 전 농가당 소득수준을 알고 싶다면 역시 평균을 쓰면 된다.

제7장

농협개혁의 명암

정부 농협개혁위원회에 바란다

농민신문 2008.12.29

필자는 지난 3월부터 7월까지 농협이 자율적으로 구성한 농협개혁위원회의 일원으로 자체적인 개혁안을 만드는데 동참한 바 있다. 당시 농협개혁위원회는 중앙회의 지배구조 개편과 지역조합 활성화, 그리고 사업혁신을 다루는 분과로 나누어 진행되었고, 모두 64개 과제를 심의하여 14개 개혁과제와 20개 권고과제를 확정하였다. 여기에는 중앙회장의 자격과 권한, 대표이사 및 임원 선출을 위한 인사추천위원회 도입, 중앙회 이사회 권한 강화, 감사기구 독립, 중앙회 및 조합의 구조조정 추진, 조합 선택권 도입, 계열사 경영평가방법 개선 등 농협개혁을 위한 완전하지는 않지만 혁신적인 내용들이 포함되어 있었다. 그러나 입법화 되는 과정에서 그 이유는 알 수 없으나 하나씩 둘씩 내용이 바뀌고 삭제되어 유명무실한 개혁안이 되고 말았다.

최근 농식품부가 주도하는 농협개혁이 농업계의 최대 현안으로 부상하였다. 이번 논의과정은 청와대와 일반 국민들 사이에도 초미의 관심사가 되고 있어 농협개혁의 중요성과 파급력을 대변해준다. 과거 여러 차례 있었던 농협개혁위원회와 비교하면 최근의 여건과 분위기는 농협개혁을 위해 더 이상 좋을 수 없을 것이다. 농협중앙회나 자회사, 지역조합 모두 강도 높은 개혁과제를 수용할 태세가 되어 있는 것으로 보인다. 따라서 이번 기회에 농협개혁을 성공적으로 완성해야 한다.

정부 농협개혁위원회는 중앙회장의 권한과 임원 자격기준 등 22개 쟁점사항을 논의하고 있는 것으로 알려졌다. 그러나 이러한 내용들은 신경분리를 제외하고는 대부분 자체 개혁위원회에서 다뤄진 사안들이다. 많지 않은 시간에 동일한 사안을 반복해서 논의하기보다는 자체 개혁안을 수용해서 추진하고, 기존에 다루어지지 않았던 사안을 중심으로 논의를 진행하는 것이 바람직 할 것이다.

개혁 논의의 방향에 대해 필자는 다음의 세 가지을 제안한다. 첫째, **농협 개혁의 첫 단추는 농협의 정체성을 정립하는데 있다.** 원래 운동체적 성격과 사업체적 성격을 동시에 가지고 있는 농협은 최근 들어 스스로도 정체성 혼란을 겪고 있는 것으로 보인다. 농협이 여러 사업을 통해 많은 수익을 올려도 비난을 받고 적자를 내도 비난을 받는 현실 속에서 민간기업들과 동일한 여건 하에서 경쟁하는 경제사업체들은 특히 난감하다. 매년 안정적인 흑자를 내던 농협사료는 최근의 환율급등으로 엄청난 적자를 시현했다. 다른 민간업체들처럼 사료가격에 전가할 수 없었기 때문이다. 필자는 이와 유사한 사례를 많이 알고 있다. 이 모두 농협이기 때문에 발생하는 딜레마이다. 농협이 급변하는 경제 여건 하에서 정체성을 다시 정립해야 하는 이유가 여기에 있다. 농협의 정체성은 정답이 있는 것이 아니라, 선언적인 것이다. 이번 기회를 통해 농협의 정체성을 명확하게 정립하고, 모든 조직 구성원이 동일한 목표를 향해 일사분란하게 움직일 수 있어야 한다.

둘째, 이번 정부주도 개혁은 농협중앙회장과 임직원의 개인적인 비리로부터 출발하였고, 그 핵심은 지배구조 개편에 맞춰져 있다. 그러나 지배구조 개편을 통해 이러한 일을 차단할 수는 없다. 지배구조 개편과 윤리경영 확립은 구별되어야 하며, 중앙회와 지역조합의 지배구조는 의사결정의 효율화와 조직의 생산성 향상을 위해 만들어져야 한다. 농협은 안타깝게도 임직원의 비리가 가장 많은 조직인 것으로 알려져 있다. 이제 이러한 오명은 털고 새로운 조직으로 탈바꿈해야 하며, 이는 윤리경영 시스템 구축을 통해 이루어져야 한다.

마지막으로, 다시 수면위로 부상한 신경분리는 아마 농협개혁안 중에서 가장 중요하고 파급력이 큰 사안일 것이다. 그러나 신경분리는 이를 주장하는 사람에 따라 그 목적과 내용이 다르다는데 문제가 있다. 어떤 측에서는 신경분리를 통해 농협이 본업인 경제사업에 매진할 수 있다고 주장한다. 또 다른 측에서는 농협의 주 수익원인 신용사업이 살아남기 위해서는 규모화를 해야 하며, 이를 위해 신경분리를 통한 지주회사 체제가 필요하다고 주장한다. 필자는 신경분리가 농협을 공중분해할 수도 있는 중대한 사안이라고 생각한다. 이 문제에 접근하는데 신중에 신중을 기해야 할 것이다.

변죽만 울리는 농협개혁

농협의 문제는 결코 조합장이나 중앙회장의 선출방식이나 지배구조에 기인하는 것이 아니다. 그럼에도 불구하고 정부의 농협개혁은 언제나 조직을 개편하고, 선거방식을 바꾸는 방식으로 진행되어 왔다. 2009년 농협개혁과 사업구조개편도 여전히 그러한 관행을 답습하고 있다.

농협 신경분리를 생각한다

2009.02.23 농민신문

신경분리가 다시 농협개혁의 최대 쟁점으로 부상하였다. 정부에 의해 여러 차례 시도되었던 신경분리는 2007년에 향후 10년의 준비기간을 거쳐 추진하기로 하였고, 그에 따라 경제사업 활성화와 신용부문 효율화가 진행되고 있다. 그러나 최근 농협법 개정이 추진되면서 정부는 연내에 신경분리도 마무리 한다는 방침을 천명하였다. 그러나 신경분리에 대한 내용들이 매우 혼란스럽고 성급하게 추진되고 있어 우려스럽다.

최근 논의되고 있는 신경분리에 관한 쟁점은 크게 세 가지로 나눌 수 있다. 첫째는 신경분리를 어떻게 할 것인지에 대한 내용의 문제이고, 둘째는 언제까지 처리할 것인지에 대한 시기의 문제이다. 마지막으로 신경분리를 누가 할 것인지에 대한 주체의 문제도 중요한 이슈이다. 이 세 가지 이슈들은 각기 독립적이 아니라 서로 연계되어 있어 논의를 더욱 복잡하게 만든다.

우선 내용면으로는 크게 농협중앙회가 컨설팅 회사인 맥킨지에 의뢰해 만든 금융지주회사 안과 농민단체를 중심으로 정리된 신용사업연합회 안이 있다. 이 두 안의 핵심적인 차이는 신용사업부문을 누가 소유하는가에 달려 있다. 맥킨지는 농협중앙회가 지주회사를 설립하여 외부 자본의 참여를 허용하는 방식을 제시하고 있고, 농민단체들은 회원조합들이 100% 출자하여 만든 신용사업연합회가 소유해야 한다고 주장하고 있다. 이러한 소유 지배구조의 차이는 필연적으로 경영 지배구조의 차이를 발생시키고, 이는 신용사업의 성과와 수익의 처리에까지 연결되는 매우 중요한 내용이다.

그러나 두 가지 안 모두 간과할 수 없는 문제를 가지고 있다. 농협중앙회의 주 수익원인 신용사업이 조만간 수익을 내지 못할 가능성을 고려하여 신용부문의 경쟁력 강화 방안을 만든 맥킨지는 신경분리의 배경이 경제사업 활성화에 있으며, 금융지주회사는 농협의 정체성을 심각하게 훼손할 수 있다는 사실을 고려하지 않고 있다. 이에 반해 농민단체 안은 주로 지배구조의 개편에 맞춰져 있다. 그러나 지배구조가 바뀐다고 기능과 성과가 저절로 개선되는 것은 아닐 것이다. 이러한 개편이 실질적으로 농협의 역할과 기능을 어떻게 정상화 시킬 수 있는지에 대한 세부계획이 있어야 한다. 또한 농협이 제 역할을 하는데 실질적으로 중요한 신용사업의 발전 방안에 대해서도 충분한 고민이 있어야 할 것이다.

신경분리 방식이 이 두 가지가 전부는 아닐 것이다. 그렇다면 10년에 걸쳐 단계적으로 추진하기로 한 2007년의 신경분리 방안에 어떤 문제가 있는지, 다른 여러 대안과 문제점에 대해 충분한 논의가 있었는지 의문이다. 신경분리는 정치적 일정에 의해 이루어지기에는 너무도 중요한 사안이기 때문에 보다 신중하게 추진되었으면 한다.

마지막으로 신경분리의 주체가 누가 되어야 하는지도 중요한 문제다. 최근의 신경분리는 정부가 주도하고 농업관련단체가 지원사격하는 형국으로 진행되고 있다. 이는 과거 신경분리에 대한 농협의 입장과 농협이 개혁의 대상이란 점 때문일 것이다. 그러나 농협을 개혁의 대상으로만 취급한다면 신경분리가 갈등과 부작용으로 가득 찬 실패로 끝날 가능성이 높다.

농협 스스로 개혁의 주체가 되어 문제를 정확하게 인식하고 실현 가능한 대안을 제시하는 것이 가장 소망스럽다. 문제는 농협의 진정성과 신뢰성에 있다. **농협에 대한 많은 비판과 요구를 겸허하게 수용하고 진정으로 농업과 농민을 위한 개혁안을 스스로 제시할 수 있기를 바란다.** 정부나 언론, 농민단체들도 좀 더 열린 자세로 농협개혁 문제에 접근하기를 바란다.

농협중앙회 신경분리 논의 과정

농협중앙회의 신경분리는 1994년 농업농어촌발전대책 이후 지속적으로 제기되었다. 정부와 농민단체는 농협중앙회가 중앙회 자체 수익만을 위해 신용사업에 치중하고, 조합원의 실질적 이익과 직결되는 경제사업은 신용사업의 수익 범위 내에서 소극적으로 실시하고 있다는 인식 하에서 경제사업을 활성화하기 위한 신경 분리의 필요성을 제기하였다.

정부는 1999년 및 2004년 농협법 개정을 통해 2007년『경제사업활성화와 신용사업건전화를 위한 농협중앙회 사업 분리방안(농림수산식품부, 2007.4)』을 확정하고, 2007년 7월 해당 법률에 따라「농협 경제사업활성화위원회」를 설치하였다. 사업 분리방안에서는 신경분리의 당초 목적인 경제사업활성화와 신용사업의 건전성 확보를 체계적으로 달성하기 위한 추진계획 및 로드맵을 제시하였다. 이에 따라 2017년까지 경제사업활성화를 위한 자본금 4.6조원을 확보하고, 사업방식도 회원조합 경제사업의 경영손실 보조지원에서 직접 투자를 통해 부가가치를 제고하는 방향을 제시하였다.

그러나 2008년 서브프라임 금융위기 상황이 도래하여 중앙회 신용사업이 위기에 직면하면서 신용사업 수익을 바탕으로 조합에 대한 경영지원과 경제사업 손실을 보전하는 현행 농협경영 시스템이 지속되기 어려울 것이라는 관측이 제시되었다. 이에 따라 농협 내부에서부터 신경분리의 추진이 조속히 필요하다는 주장이 제기되기 시작하였다.

일본농협의 변화와 교훈

2004.09.13 농민신문

최근 농협의 경쟁력을 제고하고 경제사업의 활성화를 추진하기 위해 마련된 농협법 개정안에 신용 · 경제사업 분리가 유보되면서 이 문제가 다시 뜨거운 쟁점으로 부각되고 있다. 신경분리를 주장하는 측은 농협이 수익성 높은 신용사업에만 몰두하는 바람에 본래의 역할인 경제사업을 등한시하게 되고, 따라서 농민들에게 도움을 주는 농협이 되지 못한다는 점을 강조한다.

신경분리를 부정적으로 보는 시각은 농협의 경제 및 지도사업이 신용사업에서 발생하는 수익 없이는 제대로 이뤄지기 어렵기 때문에 신 · 경분리가 오히려 농민들에게 피해를 줄 수 있다고 우려하고 있다.

서로 상반된 두 의견 모두 타당해 보이지만 신경분리 문제는 일본 농협의 문제와 변화과정에서 그 해결의 실마리를 찾을 수 있을 것이다. 신경분리를 주장하는 측은 종종 신용사업부문과 경제사업부문이 분리되어 있는 일본 농협의 상위 구조를 사례로 든다. 그러나 일본 농협은 우리 농협이 벤치마킹해야 할 대상이 되기 어렵다고 본다.

일본 농협은 한국 농협과 구조적으로 커다란 차이가 있다. 일본 농협은 각 지역의 농협JA, 우리의 지역농협이 회원으로 가입하는 상위 조직으로 지도사업을 하는 전국농업협동조합중앙회JA전중, 경제사업을 하는 전국농업협동조합연합회JA전농, 신용사업을 하는 농림중앙금고, 공제사업을 하는 전국공제사업연합회JA공제련가 있다.

이들 상위 조직들은 각기 독립적인 조직체로서 운영되며, 회계 상으로도 독립되어 있다. 이에 따라 지도사업을 하는 JA전중의 경우 지역농협들이 납부하는 부과금으로 사업을 운영하고 있다. 그러나 최근 경영이 어려워진 지역농협들이 부과금 납부를 꺼리면서 사업 수행에 커다란 차질을 빚고 있다.

일본의 농림중앙금고는 조직이나 사업의 측면에서 일반은행과 비슷하다. 지역농협 및 농림중앙금고 등 하부조직에서 예탁한 자금을 국내외 시장에서 운용하여 수익을 얻고, 이를 하부조직에 이자 형태로 지불하고 있다. 일본 최고의 엘리트들에 의해 운영되는 농림중앙금고는 전중이나 전농의 사업에 관심이 없을 뿐만 아니라, 제도적으로도 지도사업이나 경제사업에 도움을 줄 수 있는 장치가 마련되어 있지 않다.

경제사업에 열심인 일본의 농협들도 1997년 이래 판매사업과 구매사업에서 지속적인 매출감소를 경험하고 있다. 이는 수입시장 개방에 따라 일본 농업 자체가 축소되는 근본적인 문제에 기인한 것이다. 대부분의 지역농협은 수익기반을 신용사업에 의존하고 있으며, 장례사업이나 주택건설, 자동차 판매 등 농업과 거리가 먼 사업으로 영역을 확장시키면서 생존을 위해 몸부림치고 있다.

1980년대만 해도 4,000곳이 넘던 지역농협이 수입자유화와 시장 개방을 거치면서 2004년 현재 901곳으로 감소한 것은 우리의 농협중앙회와 같은 우산이 없이 독자적으로 생존을 모색할 수밖에 없었기 때문이다. 적자가 누적된 농협은 현실적으로 합병이나 파산 이외의 탈출 방법이 없는 것이다.

일본 농협과 한국 농협의 근본적인 차이는 조직과 인력, 자금과 정치력을 가진 중앙회의 존재이다. **농협중앙회의 존재는 그 자체적으로도 규모의 경제와 범위의 경제를 얻을 수 있을 뿐만 아니라, 지역농협의 경제사업에 대한 자금지원, 경영컨설팅을 통한 경쟁력 제고, 경영개선 및 합병 등을 통한 구조조정, 감사활동 등을 통한 건전성 제고 등의 역할을 할 수 있는 기반이 된다.**

건국 이래 최악의 상황에 처해 있는 한국 농업 현실에서 농협이 제 역할을 하고 있지 못하다는 비판에는 충분한 이유가 있을 것이다. 그러나 농협이 가지고 있는 자원과 잠재력을 최대한 발휘해 우리 농업이 다시 살아나고 지속적으로 발전할 수 있는 발판으로 삼기 위해서는 신경분리가 이뤄져서는 안 될 것이다.

우리는 일본 농협이 가지지 못한 것을 가지고 있다. 필자가 방문한 일본의 한 지역농협의 임원은 한국의 농협중앙회를 부러워하며, 개인적으로 신경분리를 이해할 수 없다는 입장을 개진했다. 문제는 어떻게 우리 농협의 역량을 극대화하여 농업에 환원시킬 것인가 하는 데 있다. 이를 위해 중지를 모아야 할 것이다.

한국 농업협동조합의 역사

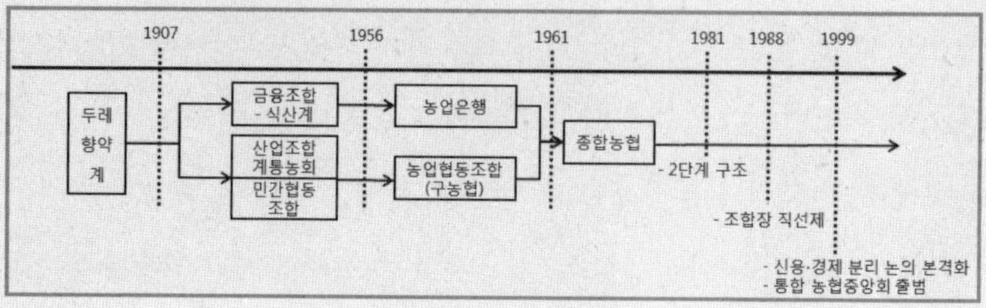

한국 농협의 변천사

근대적 협동조합의 시초는 1907년 3월에 설립된 지방금융조합(금융조합)이다. 금융조합 설립 이전에도 두레, 계, 향약 같은 전통적인 협동조직과 농사조합, 토지조합, 농업조합 등 각종 지방농사단체가 있었으나, 이들은 근대적 협동조합과는 성격이 다른 조직이었다. 해방 이전의 협동조합은 크게 총독부에 의해 설립된 관제조합과 일본 유학생과 천도교 및 기독교계가 중심이 되어 전개된 민간협동조합으로 구분된다. 관제조합에는 금융조합, 산업조합, 계통농회 등이 있고, 민간조합에는 협동조합운동사, 조선농민사, 기독교계 협동조합 등이 있었다.

1956년 이후 신용사업을 담당했던 농업은행과 경제사업을 담당했던 농업협동조합(구 농협)을 중심으로 신용과 경제사업이 분리된 상태에서 협동조합이 운영되었으나, 1961년 5.16 군사정부에 의해 신용과 경제사업을 동시에 수행하는 종합농협으로 통합되었다. 이후 1981년 시군조합의 법인격이 소멸되어 기존의 3단계 구조(단위조합-시군조합-중앙회)에서 2단계 구조(단위조합-중앙회)로 축소되었고, 축협중앙회가 설립되었다. 1988년 조합장 및 중앙회장이 직선제로 선출되고, 1999년 개정 농협법에 따라 기존의 농협, 축협, 인삼협이 통합되어 현재와 같은 통합 농협중앙회가 출범하였다. 정부는 2009년 농협법 개정을 통해 중앙회장과 일정 규모 이상 조합장을 비상임화 하고 중앙회장을 간선으로 선출하도록 하였다.

농협 개혁만으론 부족하다

2009.08.10 농민신문

많은 논란 속에 진행되고 있는 농협개혁은 농업과 농업인을 위한 농협으로의 거듭나기 과정이다. 중앙회장 단임제, 조합장 비상임화, 감사기구 개편 등에 이어 개혁 논의의 최대 이슈는 신경분리를 전제로 한 사업구조개편과 그 시기에 맞춰지고 있다. 사업구조의 형태는 크게 외국계 컨설팅 회사인 맥킨지 안과 정부 농협개혁위원회 방식 그리고 농민단체 안이 있으나 최근 농협중앙회는 단계적 실험을 통해 최선의 방식을 도출할 뜻을 보이고 있다. 경제사업의 자립기반을 만든 후 2017년 이후 실시하기로 한 신경분리 시기를 놓고 농림수산식품부는 올해 내 추진할 것을 요구하고 있으며, 농협중앙회도 그 시기를 앞당길 것을 검토하고 있다.

이러한 일련의 과정을 지켜보면서 여전한 의구심을 떨쳐 버릴 수가 없다. 신 · 경 분리된 농협이 신경분리되지 않은 농협보다 어떤 면에서 더 좋을까, 지역농협은 그대로 둔 채 농협중앙회를 신 · 경 분리하면 목표했던 경제사업이 활성화될까, 지역농협의 신경분리는 가능하며 바람직한 것일까, 보다 근본적으로는 신경분리가 꺼져 가는 우리 농업을 지켜 줄 수 있을까 하는 것 등이다. 신경분리를 주장하는 그 누구도 이러한 기본적인 의문에 대한 명확한 답을 주고 있지 않다. 검증되지 않은 주장만 있을 뿐이다. 농업의 회생과는 관계없는 이해타산도 있는 것 같아 더욱 답답하다.

농업인과 소비자로부터 전적으로 신뢰 받지 못하는 농협, 고비용 저효율의 농협은 반드시 개혁돼야 한다. 농협의 브랜드 가치 하락과 도덕적 해이도 치유돼야 한다. 그러나 농협개혁이라는 일시적 과제에 가려 문제의 본질을 놓쳐서도 안될 것이다. 근본적인 문제는 우리 농업이 헤어나기 어려운 구조적인 함정에 빠져 있는 것이다. **농업이 당면한 위기의 가장 중요한 원인은 끝없이 계속되는 시장개방과 갈수록 커져 가는 미래에 대한 불확실성이다.** 여기에 경쟁력 강화를 위주로 한 구조정책이 농업의 기반을 흔들고 있다. 소비자는 더욱 까다로워지고, 대형 유통업체의 시장지배력은 눈덩이처럼 커지고 있다. 농업을 둘러싼 열악한 여건은 농업인과 농협이 자체적으로 감당할 수 있는 수준을 훨씬 넘어서고 있다.

농협개혁은 농업의 위기를 타개하고 지속 가능한 발전을 이루는 하나의 방안이다. 그러나 농협을 속죄양으로 삼고 신경분리가 만병통치약인 것처럼 밀어붙이는 개혁구도는 문제의 핵심을 흐릴 뿐 올바른 처방이 될 수 없다.

오늘날 농업이 처한 위기에 농정당국의 책임도 결코 가볍지 않다. 정권이 바뀔 때마다 좌우로 흔들리는 농정기조, 원칙과 동떨어진 농업정책, 농업적 가치에 대한 철학의 부재 등에 대해 통렬한 자기비판이 있어야 한다. 농업인의 의견을 결집하지 못하고 정부의 제도적 파트너가 될 수 있는 농업회의소조차 아직 설립하지 못하는 농민단체들도 책임을 면하기 어렵다. 이와 더불어 여전한 속박이 출하에 엉터리 친환경농산물, 자신이 주인인 농협 사업에 적극 참여하지 않으면서 농협과의 출하계약을 예사로 어기는 농민들도 책임을 통감해야 한다.

농업문제는 그 어떤 문제보다 어렵고 복잡하다. **농업문제를 해결하기 위해서는 농협을 위시한 모든 관련 주체들과 이해관계자들이 공동의 책임과 의무를 져야 한다.** 이를 위해서 위기에 대한 정확한 진단과 처방이 선행돼야 한다. 농협의 지배구조와 사업 형태를 바꾸는 것만으로는 어림도 없다.

끝없는 시장개방이
농업문제의 근본적인 원인이다.

한국농업의 위상은 WTO 이전과 이후로 극명하게 갈린다. 1995년 WTO가 출범하면서 전 세계 농업은 국경 없는 경쟁체제에 돌입하였다. 무역자유화란 기본적으로 세계에서 가장 경쟁력 높은 생산자 순으로 시장을 점유하게 만든다. 한국농업 역시 예외가 아니어서 WTO 이후 생산은 줄고, 가격은 하락하고, 가격등락은 심해졌다.

그 후 15년, 칠레와의 FTA를 비롯하여 인도, 호주, EU, 미국, 중국과의 FTA가 체결되었거나 진행 중에 있다. 이러한 농산물 시장개방의 충격은 그 어떤 문제보다 농업을 위축시키고 어렵게 한다. 정부는 시장개방 때문에 발생한 문제의 책임을 농협에 지우고 농협개혁을 다그친다. 그러나 정작 개혁이 필요한 곳은 농업과 농촌을 보는 정부의 시각이다. 끝없는 진행되는 시장개방을 멈추지 않는다면 우리 농업은 머지않은 시간 내에 돌이킬 수 없는 빈사상태로 빠질 것이다. 소 잃고 외양간 고칠 일이 없기를 진심으로 바란다.

농협사업구조개편 입법예고안 평가

2009.11.20 농민신문

올 한해 한국 농업이 당면한 가장 중요한 이슈의 하나였던 농협 사업구조 개편 방안이 입법예고 되면서 농업계 전체가 오히려 커다란 혼란에 빠져들고 있다. 10월27일 농협이 대의원회를 통해 자체적인 사업구조개편안을 확정시킨 다음날 농림수산식품부는 전혀 다른 모습의 개편안을 입법예고했다. 정부의 사업구조개편안은 농식품부가 자의적으로 설치한 농협개혁위원회가 도출한 방안과도 다른 모습이라 반발을 사고 있다.

농식품부 개편안에는 크게 4가지 쟁점이 있다. 농협중앙회 명칭의 폐기, 경제지주의 설립, 상호금융본부의 독립법인화, 그리고 지배구조 형태이다. 농협중앙회 명칭의 폐기 뒤에는 중앙회 비대화와 중앙회장의 독선이라는 부정적 시각이 있다. 그러나 이는 명칭이 아니라 윤리경영과 책임경영 시스템으로 풀어야 할 문제이다. 일부의 부정적 인식에도 불구하고 '농협중앙회'는 이미 엄청난 가치를 가진 브랜드로 성장했다. 이를 버리는 것이 과연 농협과 농업에 얼마나 득이 되는지 의문이다.

급속도로 위축되는 농업의 정치적 입지와 농업인의 사회적 지위를 위해서는 강력한 농협이 필요하다. 200만 농업인 조합원을 대표하는 정치력 있는 중앙회장과 거대기업이나 거대금융기관에 맞설 수 있는 중앙회는 농업의 커다란 자산이다. 일사불란한 의사결정 과정을 버리고 복잡하고 비효율적일 수밖에 없는 연합회가 과연 정부의 간섭이나 거대기업에 맞서 글로벌 경쟁시대에 살아남을 수 있을지 의문이다.

금융지주의 설립으로 오랜 논란의 중심이었던 신경분리가 완성될 것이다. 그러나 이와 동시에 경제지주를 설립하는 것은 신용부문을 금융지주로 개편하는 것과는 전혀 다른 사안이다. 경제지주와 금융지주를 동시에 설립하는 것은 농협개혁이라는 정치적 구호에는 부합할 수 있으나, 수익을 우선하는 '주식회사 NH' 체제가 과연 농업과 농업인을 위한 구조가 될지 의문이다.

상호금융연합회를 설립해 상호금융특별회계를 현재의 중앙회에서 분리하는 것은 적지 않은 위험을 감수해야 한다. 분리 독립하기 위해서는 충분한 자기자본을 확보해야 하며 제1금융권 지위도 확보해야 한다. 2008년 서브프라임 사태와 같은 금융위기가 닥치면 회원조합과 조합원이 재무건전성 유지를 위해 추가적인 출자를 해야 한다. 그러나 상호금융본부가 현 중앙회 내에 존치할 경우 실질적으로 금융지주를 지배할 수 있으며, 만약 경제지주가 분리되면 중앙회 내의 유일한 사업체가 되어 금융지주와 경제지주를 지배할 수 있는 구조도 고려해야 한다.

마지막으로 지배구조의 문제는 자본금 배정과 관련이 있다. 정부가 부족한 자본금 전액을 아무 조건 없이 출연한다면 현재 자본금을 신용이나 경제, 어떤 부문에 우선 배정해도 아무 문제가 없다. 그러나 경제지주의 상장을 통한 자본 조달을 언급한 정부의 태도를 볼 때 그럴 가능성은 많지 않아 보인다. 따라서 농협의 자율성과 독립성을 유지하기 위해서는 모든 자본금을 경제부문에 우선적으로 투입하고 나머지를 금융지주에 할당해 부족한 부분을 정부 지원을 통해 충당하는 방법이 바람직해 보인다. 만약 모든 자본금을 금융지주에 우선 배정할 경우 지난해와 같은 금융위기가 오면 금융지주의 건전성 강화를 위해 필요한 자본금을 조달하기 어려울 것이고, 기업공개나 공적자금 지원을 받을 수밖에 없는 상황이 되면 농협 전체의 존립에 문제가 될 수도 있다.

사업구조개편의 궁극적인 목표는 신경분리가 아니라 경제사업을 활성화하는 것이다. 따라서 논의의 초점은 현재 진행 중인 경제사업 활성화 과제가 계획

대로 추진되는지 점검하고, 그 성과를 더욱 높이기 위한 사업구조개편에 맞춰져야 한다. 또 정부는 농협 지원방식을 조기에 명확하게 밝혀 불필요한 논란이나 갈등 없이 농협사업구조가 효율적으로 재편될 수 있도록 해야 할 것이다.

농협경제사업활성화 과제

신용사업과 경제사업 분리에 관한 논의가 진전되면서 정부는 2007년 법률 개정을 통해 2017년 신경분리를 위한 『경제사업활성화와 신용사업건전화를 위한 농협중앙회 사업 분리방안(농림수산식품부, 2007.4)』을 확정되고, 동년 7월 '농협 경제사업활성화위원회'가 발족하였다. 농협경제사업활성화 과제는 중앙회 투자에 6조 원, 회원조합 지원에 7조 원의 예산을 들여 총 7개 사업목표가 설정하고, 이를 달성하기 위한 38개 세부추진과제와 105개 핵심추진전략을 설정하였다. 7개 사업목표에는 산지 농산물의 농협 취급량 확대와 도소매 유통사업 강화로 소비지 시장점유율 제고 등을 포함하고 있다.

사업시행 3년차인 2009년 평가에 의하면 2008년도 목표기준 84.2%, 2015년도 목표기준 24.7%의 달성도를 보이는 것으로 나타났다.

브랜드 이야기(2) - '농협' 브랜드 관리하자

농민신문 2009.12.02

한국이 자랑하는 세계적인 기업 삼성그룹의 두뇌는 50년 역사의 전략기획실이었다. 그러나 전략기획실은 삼성에 문제가 터질 때마다 그 중심에 서 있던 조직이기도 했다. 2008년 이건희 회장이 퇴진하면서 약속한 10가지 경영혁신 과제의 하나가 전략기획실을 해체하는 것이었다. 그 자리를 대신해 신설된 조직이 '브랜드관리위원회'다. 사장급으로 구성된 이 위원회의 공식적인 업무는 예상외로 단순하다. 장기적으로 삼성의 브랜드 가치를 높이고 이미지 개선을 하는 것이다.

삼성의 브랜드 가치를 높이다니. 외국에 가면 대한민국은 몰라도 삼성을 모르는 사람은 없다고 한다. 그런 삼성이 브랜드관리위원회가 필요한 이유는 사람들의 인지도와 브랜드는 같지 않다는 사실 때문이다. 삼성이 미래에도 지속적인 성장과 시장지배력을 유지하기 위해서는 더욱 개선되고 극대화된 브랜드 가치가 필요하다는 인식 때문이었을 것이다. 오늘날 기업경영에 있어 브랜드 가치가 최고의 자산인 것이다.

최근 안팎으로부터 개혁 압력에 시달리고 있는 농협도 자발적 혁신을 위한 브랜드관리가 필요하다. 오늘날 농협이 처한 위기의 근원에는 농협 구성원들 사이에 농협의 가치와 비전에 대한 공통된 인식이 결여되어 있기 때문으로 판단된다. 240만 조합원과 1,100여개의 조합, 6만 여 임직원을 하나로 묶어 공동의 비전을 설정하고 목표달성을 위한 일사 분란한 노력을 경주할 수 있게 하기 위해서는 체계적이고 조직적인 통합브랜드관리가 필요하다.

농협은 다양한 성격과 규모의 회원농협이 중앙회와 함께 하나의 명칭으로 결집되어 있다. 이러한 조직적 특성은 농협에게 때로는 커다란 힘이 되기도 하고, 때로는 치명적인 약점이 된다. 엊그제 모 축협에서 세균덩어리 무정란을 판매하였다는 뉴스 보도가 있었다. 유통기한이 지난 닭으로 양념닭갈비를 만들거나 고추장을 기내식으로 납품하다 적발된 사례도 있다. 최근 국감에서는 농협이 공공기관 중 가장 많은 부정과 비리를 기록하였다는 질책이 있었다. 이러한 보도가 나올 때마다 소비자나 국민들은 xx 농협이나 oo 축협으로 인식하지 않는다. 모두 '농협'인 것이다.

농협의 이미지를 높이고 브랜드 가치를 높이기 위해서는 구성원 하나하나가 중요하다. 그러나 **방대하고 복잡한 조직 구조를 가진 농협에는 지금보다 더 강력하고 체계적인 윤리경영이 필요하다. 이는 물론 농협의 브랜드 관리 차원에서 이루어져야 한다.** 농협의 브랜드 가치를 저해하거나 치명적인 사건이 발생하지 않도록 조직적으로 관리해야 하며, 이러한 사례가 발생할 경우 강력한 재발 방지책이 이루어져야 한다.

필자는 2008년 농협이 자체적으로 구성한 농협개혁위원회에서 가장 시급한 과제의 하나로 브랜드관리기구의 설립을 제안하여 채택된 바 있다. 그러나 농협개혁이 입법화 되는 과정에서 차질이 생겨 정부 농협개혁위원회가 구성되고 기존의 개혁과제들이 무산되었다.

이제 다시 농협 브랜드를 일괄적으로 관리하고 브랜드 가치경영을 추진할 수 있는 '통합브랜드관리위원회가칭'를 제안한다. 이 위원회는 농협 내에 산재해 있는 수많은 브랜드들을 통합하고 브랜드 마케팅을 위한 홍보와 예산을 조율하며, 농협의 대외적인 교섭본부 역할도 담당해야 한다. 농협이 브랜드 가치경영을 통해 오늘날의 치욕을 떨치고 우리 농업인과 농업을 위한 필요충분조건으로 거듭나기를 기대한다.

농협브랜드관리위원회 출범

이 글이 게재된 직후 농협중앙회 홍보팀장의 전화를 받았다. 최고경영진의 지시로 이미 브랜드관리위원회를 만들고 있다는 것이었다. 그러나 그 배경을 정확하게 이해하지 못했었는데 칼럼을 읽고 농협개혁위원회 회의록과 최종보고서를 찾아보았고, 비로소 그 의미와 중요성을 이해했다는 것이다.

2010년 3월 24일 'NH농협' 브랜드를 세계 최고의 협동조합 브랜드로 육성하기 위한 농협 브랜드위원회가 출범했다. 이 위원회의 역할은 강력한 'NH농협' 기업 브랜드를 정점으로 사업 및 하위 브랜드간 역할과 기준을 정립해 이들을 파워 브랜드로 육성하는 등 체계화된 브랜드 운영 체계를 구축하는 것이다. 또 브랜드 관리 매뉴얼을 제정해 브랜드 개발 기준과 실무 프로세스(공정)를 통일하고, 농협 브랜드 도용 등 상표권 분쟁에 적극적으로 대응하게 된다.

좋은 결과가 있기를 바란다.

제8장

농업과 녹색성장

탄소중립 농업을 위한 구상

농민신문 2010.03.05

지구촌 곳곳에서 폭설과 홍수, 한파 등 기상이변이 속출하고 있다. 최근 미국의 수도 워싱턴은 100년 만의 폭설에 도시 기능이 마비되고, 중국의 수도 베이징도 1951년 기상통계 작성 이후 최대의 눈 폭탄에 휘청대고 있다. 서울 역시 기상관측 103년 만에 최대 적설량을 기록했다. 같은 시간 지구 반대편의 호주와 브라질에서는 수일간 계속되는 홍수로 물난리를 겪고 있다. 이렇게 격심한 기상이변의 원인으로 지구온난화가 꼽히고 있다. 이제 탄소배출을 줄이고 기후변화에 적절히 대응하는 것은 전 인류의 운명이 걸린 문제이자 한 국가가 지속 가능한 성장을 하기 위한 필수 조건이 됐다.

우리 정부도 저탄소 녹색성장을 국가 핵심 전략으로 채택해 추진하고 있다. 생산 · 유통 · 소비 등 모든 경제활동에서 배출되는 온실가스의 대표주자인 탄소를 감축하고 새로운 에너지를 만드는 녹색기술을 통해 신성장산업을 육성하자는 것이다. 이러한 국가적 과제에 생명산업이자 녹색산업인 농업이 예외가 될 수 없다. 녹색산업이라 하여 저절로 저탄소화가 되는 것은 결코 아니다. 농업이 배출하는 탄소를 적극 감축하고 녹색기술을 개발해 신성장동력으로 삼아야 한다. 농업의 저탄소화는 화학비료와 농약, 에너지 사용을 줄이는 것부터 시작되며, 이는 친환경 농업의 적극적 확산을 의미한다. 농업의 녹색성장은 생산 과정서 발생한 온실가스의 에너지화와 신 · 재생에너지의 생산, 탄소배출권 거래의 확산 등을 통해 농업의 생산성과 수익성을 높이는 노력을 요구한다.

저탄소 녹색성장 농업은 무엇보다 탄소중립 농업에서부터 출발해야 한다. 탄소중립 농업은 생산 과정에서 배출되는 탄소를 다양한 감축활동과 자발적 구매를 통해 완전 상쇄offset함으로써 탄소의 순 배출량이 전혀 없는 농업을 의미한다. **탄소중립 농업은 소비자를 위하고 국민과 교감하는 농업이 되기 위해 반드시 이뤄야 하는 지상 과제이며, 달성 가능한 목표이다.** 농업이 연간 배출하는 탄소는 1,500만톤 정도이며, 이를 모두 배출권을 구입해 상쇄한다면 불과 800억 원정도의 예산이면 충분하다. 그러나 농업 스스로 배출량을 줄이고 탄소배출권을 획득하는 사업을 통해 탄소중립을 이루는 것이 바람직하다.

탄소중립 농업을 위해서는 우선 농업 각 부문의 탄소배출 현황을 파악하고 저탄소형 농업을 실천 과제로 채택해야 한다. 탄소를 감축할 수 있는 방법을 개발하고 경제 사업CDM화하여 농업 소득과 연계하는 방안을 도입하는 것이 필요하다. 축산 생산에서 발생하는 분뇨를 이용해 연료와 전력을 생산하고 탄소배출권을 확보할 수 있다. 농업부산물을 이용한 바이오에너지 기술개발도 적극 추진해야 한다. 사료와 비료, 농약을 생산하는 과정에서 에너지효율화를 통해 탄소배출권을 확보할 수 있다. 식품 가공과 운송 과정에서도 에너지를 절약할 수 있다. 농협과 농업관련 기관의 건물들도 에너지 효율화를 통해 탄소배출을 줄일 수 있다. 농식품의 탄소표시제와 탄소포인트제도 탄소중립 농업을 위한 제도적 지원책이 될 수 있다.

탄소중립 농업은 실행 가능한 목표다. 농업인과 농협, 정부, 소비자의 적극적인 참여를 통해 달성할 수 있다. 지구온난화에 대응하는 국가적 추진 전략과 별도로 탄소중립 농업은 국제사회에 한국 농업과 한국의 국가 브랜드를 제고시킬 수 있는 중요한 과제가 될 것이다.

현재 진행 중인 농업부문의 CDM 사업

등록일	사업명	사업유치국	투자국	탄소저감물량 (연간 tCO_2e)
2005.09.02	양돈분뇨처리	칠레	캐나다, 일본	247,428
2006.09.11	가금류 분뇨처리	아르메니아	덴마크	62,832
2006.09.29	메탄 회수 및 전력생산	인도	-	44,729
2005.12.10	가축분뇨관리체계	멕시코	네덜란드, 영국, 북아일랜드	147,380
2006.02.11	바이오매스 전력생산	브라질	네덜란드, 독일	57,341
2006.08.10	쌀겨 이용 바이오폐열 발전	캄보디아	일본	51,620
2006.06.10	바이오매스 스팀 및 동력발전	말레이시아	캐나다	208,871
2006.09.02	바이오에너지 발전소 설립	말레이시아	-	172,763
2006.09.02	야자유/바이오가스 회수	온두라스	-	27,615
2006.09.08	농업증류소의 신재생에너지 생산	인도	-	70,760
2007.06.18	쌀겨 바이오매스 발전소	태국	일본	70,772
2007.10.19	사탕수수찌끼를 이용한 열병합 발전	태국	영국	102,493
2007.12.19	목화대 바이오매스 발전	중국	영국	113,433
2008.05.10	바이오매스 발전	태국	일본	106,592
2008.09.03	사탕수수찌끼 바이오매스 발전	케냐	일본	129,591
2009.06.04	볏짚, 목화대 바이오매스 발전	중국	영국	143,751
2009.04.27	축분 바이오가스 열병합발전소	중국	캐나다, 덴마크	66,393

자료: UNFCCC(유엔기후변화협약) CDM EB

온실가스 배출권거래의 경제적 의미

2002.04.29 식품신문

최근 황사와 산성비, 엘니뇨 등이 우리 생활에 직접적인 영향을 미치기 시작하면서 환경문제와 그 대응책에 대한 관심이 증가하고 있다. 실제로 환경문제는 우리 경제와 일상생활에 직·간접적인 영향을 주고 있으며, 향후 기후변화협약이 가시화되고 각국이 오염물질의 배출을 저감시키기 위한 실질적인 노력을 하기 시작할 경우 우리의 경제생활에 보다 직접적인 문제로 대두될 것이다.

환경부는 최근 수도권의 대기질을 선진국 수준으로 개선하고 기후변화협약에 대비하기 위하여 오는 2004년부터 지역별 대기오염물질 배출허용 총량제를 실시키로 하고, 이로 인한 산업계의 경제적 부담을 줄이기 위해 배출권거래제emission permit trading를 도입하기로 하였다. 이는 환경문제가 단순한 우리의 건강과 생활여건에만 관련되는 것이 아니라 우리의 국가경제와 가정경제까지도 변화시킬 수 있다는 것을 의미한다.

오염물질 배출권거래제는 오염물질의 배출을 시장의 기능을 통해 감축시키는 매우 효율적인 방법으로 이미 여러 선진국들이 도입하여 실시하고 있는 제도이다. 미국의 경우 전력회사를 대상으로 산성비의 원인이 되는 아황산가스SO_2의 배출권을 거래하고 있으며, 영국, 스위스, 노르웨이 등도 유사한 제도를 운영하거나 추진 중에 있다. 1997년 체결된 교토의정서는 지구온난화의 주범으로 인식되고 있는 이산화탄소와 메탄 등 온실가스의 배출을 저감시키기 위하여 배출권거래제의 도입을 제안하고 있으며, 국제사회는 이의 도입을 위한 제도적 준비를 진행시키고 있다.

전 세계 온실가스 배출량의 36%를 차지하는 미국의 불참선언으로 공백이 된 국제환경협약의 주도권을 잡기 위해 EU와 일본은 교토의정서의 비준을 적극 추진하고 있으며, 이 경우 2008년에서 2012년 사이 온실가스 배출을 1990년 수준의 평균 5.2% 감축시켜야 한다. 만약 저감비용이 막대하거나 경제성장 등으로 물리적인 저감이 어려울 경우 외국의 배출권을 구입할 수 있으며, 이를 위해 배출권 거래소를 설립하도록 하였다. 이에 영국은 이산화탄소의 배출권을 거래할 수 있는 거래시장을 지난 4월 2일 런던에 개장함으로써 배출권 거래의 표준을 선점하여 향후 연간 1000억 달러가 넘을 것으로 예상되는 배출권 거래의 중심으로 부상하였다. 그간 산발적인 국제거래가 있었지만 제도화된 배출권 거래시장의 설립은 환경문제의 해법으로서 뿐만 아니라, 국제무역과 금융거래 등에 있어서도 매우 중요한 의미를 갖는다.

우선 교토의정서 비준이 확산되어 국제경제 질서에서 환경협약이 갖는 중요성이 더욱 커지고 그간 자원의 풍부성과 기술수준에 의해 결정되었던 국제경쟁력은 환경친화성에 의해 재편되어 국제무역의 흐름을 바꿀 것이다. 각국에 허용되는 배출권은 국제가격에 따라 재화의 생산에 배분되거나 배출권 그 자체로서 수출될 수 있을 것이다. 선진국들은 개발도상국의 노후한 공장설비를 현대적 설비로 개보수하거나 조림사업을 통하여 저감된 배출량을 쿼타로 얻어 국제시장에 팔거나 자국의 생산에 활용할 수 있게 된다. 일례로 러시아의 경우 연방체제가 해체되고 경제가 붕괴되면서 이미 기준연도에 비해 30% 가량 적은 량을 배출하고 있기 때문에 여분의 배출권을 이용하여 외국의 투자를 유치하거나 배출권을 판매할 수 있다. 일본은 러시아의 노후한 전력설비를 교체하여 저감된 배출량을 대가로 얻는 국가 간 거래를 시도하고 있다. 이러한 거래에 가장 중요한 요인이 배출권의 가치이며, 이 가치는 배출권 거래시장에서 가장 정확하고 저렴하게 얻을 수 있다는데 배출권 시장의 중요성이 있다.

우리 정부도 2002년 상반기 중에 교토의정서의 비준을 추진하고 있으며, 온실가스 배출권 거래제도를 도입할 예정이다. 배출권거래제는 식품산업과 농업부문을 포함한 모든 국내 산업에도 중요한 변화를 가져올 것이다. 일국에 할당된 배출권은 생산실적에 따라 산업과 산업에 속한 기업에 배분되고, 이는 기업의 생산과 경쟁력에 영향을 미치게 된다. 농업의 경우 양돈산업과 미작산업과 같이 온실가스를 배출하는 부문과 광합성을 통하여 이산화탄소를 저감시키는 부문을 동시에 가지고 있으며, 배출권 가격에 따라 농업경영의 포트폴리오가 결정될 것이다.

이제 환경이 경제를 지배하는 시대가 도래 하고 있으며 그 중심에 배출권 거래제가 있다. 이 제도가 자기 산업과 기업에 미칠 영향을 미리 분석하고 대비해야 할 것이다.

탄소시장 날개를 달다

2007년도 노벨 평화상이 「불편한 진실(The Unconvenient Truth)」이라는 영화를 만든 기후변화 문제의 전도사 엘 고어(El Gore) 전 미부통령과 UN의 기후변화 전담부서인 IPCC(Intergovernmental Panel on Climate Change)에게 돌아감으로써 지구온난화에 의한 기후변화의 진실에 대한 과학자들과 정치인들 간의 논쟁에 종지부를 찍었다. 지구온난화는 이제 전 세계적인 관심사인 동시에 모든 국가가 함께 해결해야 할 지구 생존의 문제로 부상하였다. 이에 따라 지구온난화의 주범으로 지목된 온실가스를 비용 효율적으로 감축할 수 있게 하는 수단으로 도입된 국제 탄소배출권 거래가 폭발적으로 성장하고 있다.

최대의 온실가스 배출국인 미국의 비준 거부로 오래 동안 표류하던 교토의정서(Kyoto Protocol)가 러시아의 가입으로 2005년 2월 정식으로 발효되면서 국제 탄소시장은 온실가스 의무감축의 수단으로서 뿐만 아니라, 새로운 산업으로서도 각광을 받기 시작하였다. 2005년 1월 온실가스를 의무적으로 감축할 것을 약속한 EU 국가 간 탄소배출권 거래시스템인 EU ETS(Emission Trading Scheme)가 도입된 이래 국제 탄소시장은 비약적인 성장을 하여 2008년에는 100조 원을 넘을 것으로 추정되고 있다. 이는 밀이나 커피 등 주요 상품시장을 능가하는 규모이며, 향후 원유 시장보다 더 큰 규모로 성장할 것으로 예상된다. 많은 나라들은 이러한 탄소시장을 새로운 성장 동력으로 이해하고, 이 시장에서 헤게모니를 잡기 위해 제도적 지원과 인력 양성에 힘쓰고 있다. 한국 또한 이러한 추세에서 예외가 될 수 없다.

'탄소 크레디트' 제안과 기후변화 대책

2008.07.11 문화일보

최근 일본에서 열린 선진8개국G8 기후변화 정상회의에서 이명박 대통령은 독창적이고 의욕적인 기후변화 해법을 제안했다. 기조연설에 담긴 핵심 내용은 크게 세 가지이다. 하나는 개도국의 탄소 감축 실적에 대해 경제적 가치탄소 크레디트를 부여함으로써 중국과 인도 등 대규모 탄소 배출 개도국의 참여를 유도하는 것이고, 또 다른 하나는 아직 탄소 저감의 의무가 없는 한국 스스로 탄소 저감 목표를 설정, 실천할 것을 국제사회에 천명한 것이다. 마지막으로 동아시아 기후 파트너십의 발족을 통해 한국이 지역의 기후 변화 문제와 경제 성장의 두 가지 목표를 동시에 달성하기 위한 선구적인 역할을 할 것을 제안한 것이다.

2005년 발효된 교토의정서는 이미 개도국의 사업자가 선진국의 자본과 기술을 지원받아 탄소 저감 사업을 통해 감축된 배출량만큼 크레디트를 인정받아 국제시장에 팔 수 있는 메커니즘을 운영하고 있다. 이른바 **청정개발체제** CDM* 사업이다. 그러나 이 대통령이 이번에 제안한 탄소 크레디트 제도는 개인 사업자가 아니라 현재 탄소 저감 의무를 지지 않는 개도국 차원에서 감축한 온실가스 배출량을 크레디트로 인정하여 판매할 수 있는 인센티브 제도를 의미한다는 점에서 진일보한 면이 있다. 중국, 인도, 인도네시아 등 주요 개도국은 이러한 제안에 지지를 보내고 있다.

그러나 이 제도는 중국 등 온실가스 다배출 개도국의 의무 이행 동참을 요구하며 버티는 미국과, 이미 의무 부담을 통해 온실가스 감축 노력을 하고 있는 유럽연합EU 및 일본의 지지를 받기는 어려워 보인다. 탄소 크레디트가 개도국의 책임은 면해주고 혜택만 주는 편향된 제도로 오용될 수 있기 때문이다.

이 제도가 보다 광범위한 지지를 얻기 위해서는 온실가스를 대규모로 배출하는 개도국의 의무저감이 선행돼야 한다. 이러한 점에서 한국 스스로 2020년까지 온실가스 저감 목표를 설정하여 이행하겠다는 이 대통령의 두 번째 제안은 선발 개도국으로서 한국의 책임 있는 모습을 국제사회에 부각시키고 온실가스 다배출 개도국을 압박하는 절묘한 카드가 된다. 여기에 동아시아 파트너십은 기후변화 문제를 통해 국제사회의 성숙한 리더로서의 입지를 굳힐 수 있는 계기가 될 것이다.

기후변화 문제에 대한 이 대통령의 접근 방법은 매우 명쾌하고 희망적이다. 온실가스 감축을 통해 저탄소 사회로 진입함을 물론 국가 경제의 신 성장산업으로 육성하여 새로운 녹색 성장시대를 열겠다는 것이다. 한국이 가지고 있는 원천기술과 자본, 국가적 역량은 이러한 목표를 달성하는 데 부족하지 않을 것이다. 그러나 기후변화 문제에 대응하던 지난 10년을 되돌아보면 아직도 많은 과제가 남아 있음을 알 수 있다.

무엇보다도 실질적인 저감 의무를 지는 관련 산업들을 설득하고 조율하는 정치적 과정이 중요하다. 이는 '자발적 의무 저감'이기 때문에 더욱 그렇다. 이와 함께 온 국민의 동참을 유도하는 것도 중요하다. 기후변화 문제가 먼 나라나 먼 미래의 얘기가 아니라 지금 당장 우리에게 해당하는 중대한 위협임을 이해시키고, 온실가스 감축이 우리의 후손들을 위한 의무임을 설득해야 한다. 물론 이러한 과정에서 온실가스 감축이 단지 경제적 피해나 불편이 아니라 새로운 성장의 기회와 일자리 창출로 이어질 수 있는 청사진을 제시할 수 있어야 한다.

무엇보다도 자발적 의무 이행을 위한 국내 탄소 거래 제도를 조속히 도입해야 한다. 일단 시장이 만들어지고 저감 의무를 통해 수요와 공급이 발생하면 가장 효율적인 방식으로 온실가스 감축이 이루어지고 경제적 가치를 생산하게 될 것이다.

용어해설

청정개발체제(CDM)

청정개발체제(Clean Development Mechanism)는 교토의정서 제12조에 규정된 것으로 선진국으로 하여금 저감비용이 낮은 개도국에 투자하여 배출감축량(Certified Emission Reduction : CER)을 창출하여 이를 획득할 수 있도록 하는 제도이다. CDM 사업을 통하여 선진국은 감축목표 달성에 사용할 수 있는 온실가스 감축량을 얻고, 한국과 같은 개도국은 선진국으로부터 기술과 재정지원을 받음으로써 자국의 지속가능한 개발에 기여할 수 있다.

CDM 사업은 지구온난화의 책임이 덜한 개도국이 좀더 책임이 많은 선진국의 기술과 자본을 이용하여 환경적으로 지속가능한 성장을 추진할 수 있도록 도입한 제도이다. 탄소시장의 중요한 역할을 담당한 세계은행(World Bank)에서 운영하는 탄소펀드는 CDM 사업과 특히 개도국의 농촌 및 지역사회 개발을 기반으로 하는 사업에 우선순위를 두고 있다.

CDM 사업은 탄소배출권의 품질을 보증하기 위해 UN의 CDM 집행위원회(Executive Board)에서 정한 복잡하고 까다로운 절차를 거쳐 이루어진다. CDM 사업을 통해 실제로 온실가스가 감축됨을 증명해야 하는 것은 물론, CDM 사업을 통한 배출권 확보가 되지 않으면 사업이 이루어지지 않음(추가성)을 증명해야 한다. CDM 사업은 사업주체(개도국)와 재정지원자(선진국) 간의 사업에 대한 합의 후 다음의 절차를 거쳐 이루어진다.

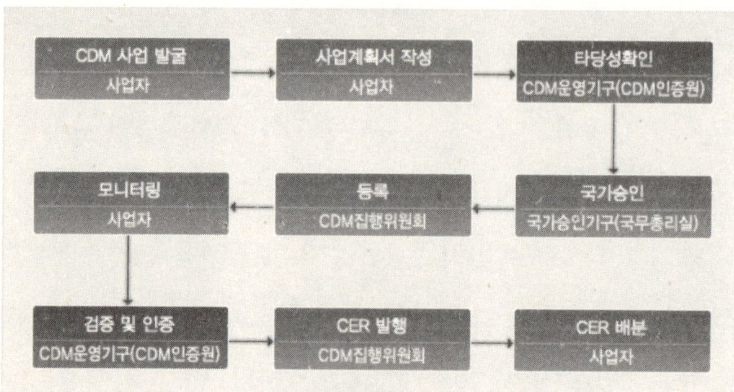

CDM의 사업절차

CDM을 통해 CER을 발급받는데 걸리는 시간은 대략 1년 반 정도이며, 비용은 5천만 원 가량 소요된다. UN으로부터 인증 받은 배출권을 CER(Certified Emission Reduction)이라 하며, 시장에서 거래된다. 그러나 실제로는 등록단계 이후부터 거래가 이루어진다.

저탄소 녹색성장 (low carbon, green growth)은 가능한가?

환경과 성장의 조화를 통해 두 마리 토끼를 잡는다는 녹색성장은 저탄소와 결합할 때 가능하다. 생산과 유통, 소비 등 경제활동에서 탄소를 줄이기 위해서는 에너지 사용을 줄이거나 에너지 효율을 높여야 한다. 이를 위해 기업은 생산과정을 비용 효율적으로 재편하고 새로운 기술을 도입한다. 이러한 과정은 경제 전체적인 성장의 계기가 된다. 또한 에너지 효율적인 경제를 추구하는 과정에서 새로운 기술과 소재, 제품이 등장하게 되고, 이는 새로운 산업의 형성을 의미한다. 탄소를 효율적으로 줄이기 위한 탄소배출권 거래 또한 새로운 시장과 관련 산업의 발전을 가져온다. 절전형 전구, 단열보온 소재의 이용, 탄소표시제 참여 등 탄소절감형 소비도 에너지 절감과 새로운 산업의 형성에 기여하게 된다. 저탄소 녹색성장은 허황된 구호가 아니라 실현가능한 핵심성장 전략이다.

새만금사업과 식량안보 논리

2001.5 농민신문

반쯤 하다만 새만금사업의 지속여부를 놓고 여러 집단 간의 의견대립이 첨예할 뿐만 아니라, 그 내용도 매우 복잡하다. 단순히 식량안보를 주장하는 시행주체 측과 환경오염을 우려하는 환경단체 외에도 실질적으로 새만금 지역의 산업 단지화를 통해 개발이익을 추구하는 전라북도, 생존의 터전인 바다를 잃은 어민들, 새로 생기는 농지를 배정 받을 수 있는 농민들, 막대한 사업예산을 부담해야 할 뿐만 아니라 향후 시화호의 오염과 같은 사태가 발생하여 추가적으로 귀중한 세금을 수질정화에 써야 할 납세자 등이 새만금사업을 둘러싼 논쟁의 중심에 있다.

그러나 새만금사업을 지속해야 한다는 가장 강력한 논리는 여전히 식량안보이다. 우리의 식량자급도는 지속적으로 하락하여 식량의 해외 의존도가 날로 높아 가고 있으며, 국제시장의 변동성이 식량의 안정적인 확보를 우려하게 할 만큼 높다는 것이 새만금 간척사업을 통한 농경지 확보에 대한 명분인 것이다. 그러나 작금의 식량자급도 하락은 농경지의 부족에 기인하는 것이 아니라 농업수익성이 낮기 때문이다. 이는 물론 농산물 시장의 개방이 직접적인 원인이다. 그럼에도 불구하고 우리에게 농지는 부족한 자원이 아니다. 오히려 매년 많은 면적의 경지면적이 휴경되거나 다른 작목이나 용도로 전용되고 있다. 실제로 땅이 있으면서도 농사를 짓지 않은 휴경면적이 1995년에는 새만금사업으로 조성될 2만 8천 ha보다 곱절이상 많은 6만 5천 ha에 이르렀으며, 1999년에도 1만 7천 ha가 휴경되었다. 따라서 엄청난 예산을 들여 추가적으로 조성되는 농경지는 농업생산에 있어 경제적 가치가 거의 없다고 할 수 있다.

그러면 향후 우리의 농업생산이 증가하여 경지면적이 부족할 가능성은 없을까? 농업의 수익성이 반전하여 농업투자비용을 상회한다면 그럴 수 있을 것이다. 그러나 우리의 수입시장이 지속적으로 확대되고 수입 장벽이 낮아지고 있는 상황 하에서, 그리고 최근 중국과의 마늘분쟁시 정부가 취한 입장을 고려해 본다면 이러한 가능성은 매우 적다고 할 수 있다. 혹자는 통일 이후 농산물 수요의 증가에 상응하는 농지가 필요함을 역설한다. 그러나 통일 이후 우리의 농업경쟁력이 획기적으로 증가하지 않는다면 우리의 식탁은 여전히 수입농산물이 채울 가능성이 많다. 통일로 인해 우리 농업의 국제경쟁력이 향상될 가능성은 회의적이다.

새만금사업은 우리 농업에는 어떤 영향을 줄까? 결론적으로 새만금사업을 통하여 증가한 농지는 대다수 우리 농민들에게는 부정적인 영향을 줄 것이다(물론 새로 조성된 농지를 배정받아 농사를 지을 수 있는 소수의 농민을 제외하고는). 새로 조성된 농지를 통하여 증가된 농업생산량은 농산물 가격의 하락을 더욱 부추길 것이고, 이는 대다수 농민들의 수익성을 저해할 것이다. 최근의 농가부채문제는 농산물 수입과 함께 농산물 생산의 증가로 인한 수익구조의 악화가 그 주원인이다. **새만금사업으로 인해 새로 조성되는 농지는 농산물의 만성적 과잉생산기조를 가져올 우려가 있으며, 이는 농업문제의 악화로 귀결될 수 있다.**

새만금사업을 둘러싼 논쟁은 농업 대 환경의 대결구도가 결코 아니다. 이는 새만금 지역을 통해 개발이익을 노리는 개발업자와 세수증대를 추구하는 지역정부 대 새만금사업에 필요한, 그리고 앞으로 얼마가 더 소요될지 모르는 예산을 감당해야 하는 납세자와 새만금사업으로 인해 발생할 수 있는 오염된 환경을 감당해야 하는 일반국민들의 분쟁인 것이다. 새만금사업으로 조성된 농지는 동아의 김포매립지나 현대의 서산농장의 전철을 밟아 탈농을 추구하게 될 가능성이 많을 것이다.

새만금사업이 식량안보의 확보라는 취약한 명분으로 계속되어서는 안 될 것이다. 특히 이 사업으로 인한 수질오염과 생태계 파괴가 우려되는 상황 하에서는 더욱 그렇다. 따라서 새만금 사업에 배정된 예산은 산적해 있는 농업의 문제를 해결하고 농업경쟁력을 제고하는데 쓰여야 한다. 이것이 새만금사업이 애초에 추구하였던 식량안보를 강화하는 보다 효율적인 방안일 것이다.

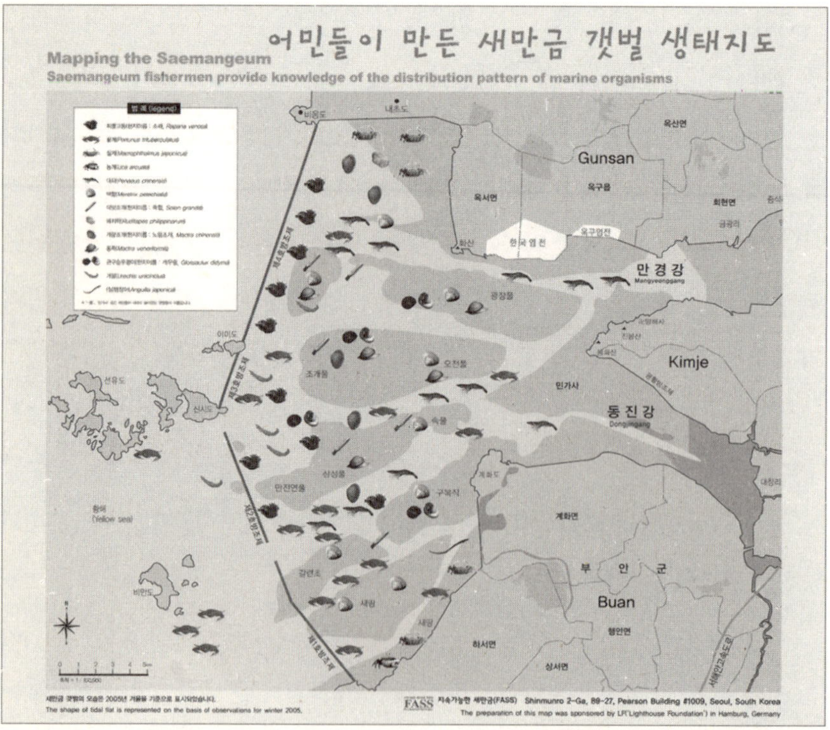

© 시민환경연구소(http://cies.kfem.or.kr)

새만금 개발, 제대로 해야 한다

물막이 공사가 끝나고 새로 조성된 토지를 어떻게 요리할 것인지를 놓고 각 이해집단들의 이전투구가 이어지고 있다. 식량안보를 위해 농지조성이 필요하다는 궁색한 논리로 새만금사업 강행한 농식품부는 농지사용비율이 30%로 줄어도 반응이 없다. 오히려 새만금 농지에 대기업을 유치해 수출전용 유리온실을 만든다고 한다. 투자 타당성이 불확실한 온실사업에 뛰어든 대기업의 의도가 무엇인지는 어렵지 않게 짐작할 수 있다. 정부의 지원과 부동산 가치의 상승일 것이다. 그러나 이러한 과정에서 발생할 시장의 혼란과 농민들이 입게 될 피해가 우려된다. 대규모 온실에서 생산된 파프리카나 딸기, 토마토 등은 제한된 수출시장에서 기존의 생산농가나 수출업자들과 경쟁하게 될 것이고, 만약 수출여건이 악화되면 생산물은 당연히 국내 시장에 유입될 것이고, 이는 해당 농가뿐만 아니라 전체 원예산업에도 치명적인 영향을 끼칠 것이다.

천혜의 갯벌을 죽이고 만든 농지. 식량안보의 당위성으로 밀어붙인 새만금 사업이 본래의 추악한 모습을 드러내고 있다. 소중한 생태환경을 훼손하여 조성한 새만금 사업은 생태 환경적으로 진행되어야 한다. 원래 의도한 대로 식량안보와 농촌가치를 유치하는데 최우선순위를 두어야 할 것이다.

정치는 그 무엇보다 강했다.

노태우정권 시절 합당한 명분과 철저한 검토 작업 없이 졸속적으로 시작된 새만금사업은 전라북도의 지지를 목적으로 한 정치적 당근이었다. 그러나 한번 시작된 사업은 정권이 바뀌고 시대적 상황이 변하고 경제적 타당성을 잃어도 변함없이 강행되고 있다. 해양수산부 장관시절 농지의 조성을 위해 갯벌을 막는 새만금사업에 반대의 입장을 표명하였던 노무현 대통령의 기왕 시작된 사업이니 환경 친화적으로 개발하되 농업용보다는 지역개발의 차원에서 지속하겠다는 입장을 표명하며 사업을 계속하였다. 정치는 그 무엇보다 강했다. 그 정치가 대체 무엇이고, 누구를 위한 정치인가?

전주의 한 성당 아래에는 타임캡슐이 묻혀 있다. 새만금이 완공될 2011년 개봉될 캡슐 안에는 새만금 개발을 위해 억지 논리와 명분을 만들어내고, 침을 튀겨가며 강변하였던 30명의 명단과 발언내용이 들어 있다. 과연 그들이 한 짓이 무엇인지 1년 후면 밝혀질 것이다.

ⓒ 전라도닷컴(http://jeonlado.com)

새만금 타임캡슐을 묻는 장면

제9장

그들의 농업

미 농무장관의 농정 원칙

2000.4 농민신문

미국 농업은 우리 식량의 최대 공급자로 보다는 비정한 침략자의 모습으로 인식되어 있다. 혹자에게는 수입국의 농산물시장을 개방시키기 위하여 온갖 수단과 방법을 가리지 않는 서부시대의 총잡이로 각인되어 있을 지도 모른다. 그러나 세계에서 가장 경쟁력이 높고 국제농산물시장에 가장 커다란 영향을 미치는 미국 농업도 낮은 가격탄력성, 극심한 경쟁, 그리고 불과 몇 년 앞을 예측하기 어려운 불확실성으로 고통을 겪고 있는 것도 사실이다.

미국 농업은 현재 매우 어려운 상황에 직면해 있다. 1996년 농업법을 개정할 때만 하더라도 천정부지로 치솟는 곡물가격과 지속적인 수요의 증가로 30년 만에 달콤한 호황을 누렸었다. 1996년 미농업법의 골격은 그간 농업소득정책의 근간이었던 부족분지불제를 폐지하고 농산물 생산을 정책이 아닌 시장원리에 의해 결정되도록 하는 혁신적인 내용을 담고 있다. 그럼에도 불구하고 미국 농민들이 이 제도를 환영한 것은 당시 전 세계적인 이상기후로 인하여 곡물가격이 매우 높은 수준을 유지하고 있었을 뿐만 아니라, 새로운 제도의 정착을 위하여 향후 7년간 생산과 상관없이 직접지불을 병행하기로 하였기 때문이다. 과거 정부의 소득지지를 받기 위해서는 일정한 면적을 의무적으로 휴경해야 했던 농민들은 원하는 면적에 원하는 작물을 경작하여 높은 가격으로 판매할 수 있고, 이에 더하여 아무런 대가없는 직접지불을 받을 수 있었기 때문에 미국 농민들에게는 이 보다 더 좋은 제도가 있을 수 없었을 것이다.

그러나 보이지 않는 손의 힘은 강력하여 높은 곡물가격은 이내 전 세계적으로 생산을 증가시켰고, 이는 곡물가격을 다시 10 ~ 20년 내의 최저수준으로 끌어내렸다. 이에 따라 농업법의 개혁으로 차기 농산물 협상에서 유리한 고지를 차지한 듯한 미국은 1998년 60억불, 1999년 90억불의 비상 보조금을 농업에 지원할 수밖에 없었고, 이에 따라 농업에 대한 지출이 1997년 75억불에서 1999년에는 230억불이라는 기록적인 액수에 달하였다. 금년도에도 상황은 크게 다르지 않을 전망이다. 국제 곡물시장의 약세와 시장 지향적인 현행 농업법으로 미국 농민들의 2000년도 소득은 전년대비 20%나 하락할 것으로 미 농무성은 전망하고 있다. 이는 1986년 이래 가장 낮은 수준이다.

이러한 상황 하에서 금년 2월에 열린 「2000년 농업전망」에서 미 농무장관 댄 글리만Dan Glichman은 다음의 5가지 원칙으로 농업정책을 운영해 나가겠다는 기조연설을 하였다. 첫째, 농산물 가격보다는 농민의 소득과 생활수준을 높이는 정책; 둘째, 특정 지역이나 작목 보다는 전국적이며 다양한 작목을 대상으로 하는 정책; 셋째, 보다 포괄적이고 효과적인 소득안정화정책; 넷째, 자본이나 여타 생산수단으로 대체될 수 없는 농경지와 토질의 보전을 핵심으로 하는 정책; 다섯째, 농촌개발을 중시하는 농업정책이 그것이다. 글리만은 이러한 농업정책이 근본적으로 미국 농업의 전통을 어떻게 유지할 것인가 하는 문제를 접근하기 위한 것이라고 강조하면서, 농업정책이 가격이나 정책 그 자체보다는 농민과 그들의 꿈을 달성하는데 초점을 둘 것이라는 말로 연설을 맺고 있다.

미농무장관의 농업관은 세계에서 가장 산업화되어 있으며, 가장 시장 지향적인 미국 농업의 경쟁력이 어디에서 기인하는 가를 역설적으로 보여주고 있다. 그것은 무엇보다도 정부의 농업에 대한 애정과 신념인 것이다. 수입국들의 시장개방을 위하여 거칠고 난폭하게 밀어 붙이는 미국정부의 농업 사랑을 보면서 우리 정부의 농업에 대한 애정을 비교해보게 된다. 농업의 중요성을 외면하거나 경시하는 경제 관료와 경제전문가들이 늘어가고 일반 국민들의 농업에 대한 관심과 애정이 점점 엷어지고 있는 요즘 미 농무장관의 농정 원칙은 신선한 충격이었다. **우리 농업을 살리는 길은 우리 정부의 농업관과 농정 원칙을 확고히 세우는 것에서부터 시작되어야 할 것이다.**

믿고 싶지 않거나 혹은 무관심하거나

일반 경제학자나 비 농업문제 전문가들을 만나서 미국 정부의 농업에 대한 애정을 설명하면 거의 대부분 믿기지 않는다는 반응이다. 시장경제의 메카인 미국이 그런 비시장적인 짓을 할 리가 없다는 믿음에서 나온 것이다. 이럴 경우를 대비해서 준비하는 것이 있다. 바로 통계 수치다. 우리의 농업예산이 얼마인데, 미국은 얼마를 쓰고 있다. 농가소득 중에서 정부 보조가 차지하는 비중이 우리에 비해 얼마나 많다는 것을 숫자를 들어 얘기하면 상당수는 수긍하는 눈치이다(이것이 통계의 힘이다). 그러나 여전한 의혹의 눈초리를 보내는 사람들이 있다. 일반 경제학자들이다. 이들은 여전히 자신들의 믿음을 철석 같이 믿을 뿐이다.

농산물 수출 1위, 미국농민들은 과연 잘 살까?

2007.6.26 오마이뉴스

미국 농업은 세계 식량의 최대 공급원이다. 수출농업을 지향하는 미국 농업은 곡물 수입시장의 빗장을 풀고자 UR 농업협상을 주도하였고, 자국 농업의 경쟁력을 높이기 위해 수단과 방법을 가리지 않는 다양한 정책을 운용하고 있다. 그러나 세계에서 가장 경쟁력이 높고정부 정책을 포함할 경우 국제농산물 시장에서 가장 커다란 영향력을 가지는 미국 농업도 낮은 가격탄력성, 극심한 경쟁, 그리고 불과 몇 년 앞을 예측하기 어려운 불확실성으로 고통을 겪고 있는 것이 사실이다.

미국 농민들은 잘 사는가? 오마이뉴스로부터 사뭇 도전적이면서도 흥미로운 이 질문을 받은 필자의 첫 반응은 "글쎄요..."였다. 한 번도 이런 당연한 듯 한 질문을 접해 본 적이 없기 때문이다. 그러나 찬찬히 따져볼 가치는 있을 것 같다.

필자가 겪은 사례 하나. 장소는 미국 캘리포니아 주의 한 자동차 대리점. 연구년 중에 필요한 자동차를 구입하기 위해 대리점에 들른 필자가 한국에서 온 농업경제학자라는 것을 들은 영업사원이 들려 준 말, 미국의 농민들은 잘 산다는 것이다. 그날 아침에 쌀농사를 짓는 농민이 멋진 일제 지프를 현금 주고 사갔다는 것이다. 물론 미국 농가 수입의 대부분이 정부의 보조금에서 나온다는 것은 모르고 하는 얘기다. 캘리포니아 쌀 농가의 소득에서 차지하는 정부의 각종 보조금은 50%를 넘는다. 특히 규모가 큰 농장의 경우 한 해 수십 만 불의 보조를 받는 경우도 있다. 미국의 상위 1% 농가들은 평균 2백만 달러의 자산을 가지고 있으며, 20만 달러의 연소득을 얻는데, 이 중 정부의 보조금이 15만 달러를 차지하는 것으로 보고되고 있다. 그러면 다른 농가들의 경우는 어떨까?

이 질문에 대한 답은 그리 간단하지 않다. 왜냐하면 미국 농가의 구조가 매우 복잡다기하기 때문이다. 우선 미국 농가의 평균 소득은 2000년 6만 2천 달러에서 2005년에 8만 1천 달러로 껑충 증가하였으며, 일반 가계에 비해 45% 더 많이 벌고 있다. 자산 규모에 있어서도 농가의 경우 59만 달러인 반면, 비농가는 36만 달러에 지나지 않는다. 이 수치로만 본다면 미국의 농민들은 일반 가계에 비해 잘 살고 있다고 볼 수 있다.

그러나 미국의 농가를 자세히 해부해 보면 실상은 그리 간단하지 않다. 농가소득 중 농업소득이 차지하는 비중은 2005년 19%에 지나지 않는다. 그것도 2000년의 5%에서 크게 증가한 수치이다. 이는 미국의 평균농가는 농업으로 생계를 유지하지 않으며, 대부분의 소득이 비농업 부문에서 나온다는 것을 의미한다. 또는 미국의 평균적인 농가는 농업으로는 생계를 유지하기 어렵다는 것을 의미하기도 한다.

실제로 미국 농업의 92%는 연 매출 25만 달러 이하의 소규모 가족농small family farm으로 구성되어 있다. 이들은 다시 한계농11%, 은퇴농14%, 취미농42%, 전업농24%으로 구분된다. 이 중 전업농을 제외하고는 농업이 생계에 크게 중요하지 않는 농가들이다. 미국 농가의 7%는 매출규모가 25만 달러 이상인 대규모 가족농이며, 나머지 1%만이 기업농의 형태를 유지하고 있다. 이 두 부류가 전체 농업생산의 73%를 차지하고 있다.

다시 미국 농민들은 잘 사는가라는 질문으로 돌아가 보자. 1989년 기업농의 경영수익은 12.8%에서 2003년 15.3%로 증가하였다. 대규모 가족농의 경우 같은 기간 18%에서 14.7% 감소하였으나, 여전히 적지 않은 수익을 얻고 있다. 반면에 소규모 가족농은 1989년 −5.8%에서 2003년에는 무려 -28.5%의 적자를 보이고 있다. 여기서 경영수익은 물론 정부의 보조금을 포함한다. 매출 규모별로는 연 17만 5천 달러 이하의 경우 경영수익이 마이너스를 기록하고 있으며, 17만 5천 달러를 넘어 매출 규모가 클수록 경영수익이 증가하는 모습을 보이고 있다.

종합하면, 미국의 농가는 평균적으로는 잘 살지만, 이는 8%의 대규모 농가에 의해 왜곡된 수치이며, 평균에 감춰진 모습을 해부해 보면 대부분의 농가 소득이 마이너스 상태에 있는 것을 알 수 있다. 이러한 사실은 미국 농촌 마을의 공동화 내지 유령화에서도 나타난다.

사례 둘. 필자가 1989년 박사학위를 받고 근무한 첫 직장은 미국의 중북부 파고Fargo에 위치한 노스다코타 주립대학North Dakota State University이다. 밀과 보리, 유채 등을 경작하는 전형적인 곡창 지대인 노스다코타는 남한 면적의 3배에 해당하는 넓은 평원이지만 '평화로운 정원Peace Garden State'이라는 별명답게 전체 인구가 63만 명을 약간 넘기고 있다. 이 인구는 제주도의 53만 명과 비견된다.

그런데 문제는 이 인구도 점차 줄어들고 있으며, 특히 농촌지역의 인구 감소가 매우 두드러져 2005년 현재 군 단위 지역의 인구 기반이 5000명에서 2020년에는 4000명으로 감소할 것으로 예상되고 있다. 농촌지역의 인구 감소는 가족농의 해체와 젊은 층의 탈농촌, 향도시 현상에 기인한다. 가족농의 해체는 물론 농업 수익성 감소로 인한 대농 편입에 의한 것이고, 젊은 층의 탈농은 주로 농촌생활의 고립화에 기인한다. 한국과 마찬가지로 미국의 농촌에서도 젊은 농부들이 가정을 이룰 상대를 찾는 것이 중요한 사회적 문제로 등장하고 있다.

농촌지역의 이러한 인구 감소는 우리나라에서와 같이 매우 심각한 문제를 야기한다. 우선 미국의 농촌마을을 지나다 보면 거의 폐허가 되다시피 한 유령마을을 어렵지 않게 만날 수 있다. 한때는 흥청거렸을 것 같은 마을 중심가에도 몇몇 노인들이 지나가는 차를 물끄러미 바라보는 것을 제외하고는 거의 인기척을 느낄 수 없을 정도이다. 세계에서 1등가는 농업을 가진 농촌의 마을 모습이라고 믿기 어려운 광경이다. 이는 조화로운 삶을 위한 폭넓은 사회안전망 제도를 가지고 있는 대부분의 유럽이나 일본 농촌과는 대비되는 모습이다.

인구 감소는 지역경제의 위축과 공동체 사회의 기능 단절로 이어지며, 이는 다시 인구 감소로 연결되는 악순환의 고리를 형성하게 된다. 조그만 학교에서 교사 한명이 다양한 학년의 여러 학생을 대상으로 교육하는 미국의 모습을 상상할 수 있을까? 그러나 이는 미국 농촌의 아픈 현실이기도 하다. 미국이 엄청난 농업예산을 퍼부어 지키고자 하는 농촌의 실상이다.

미국 농민이 잘 사는가라는 질문에 대한 답은 아직 유보적이다. 그러나 보다 중요한 질문은 미국 농업의 문제가 무엇에 기인하는가에 있다.

"규모와 독점이 경제적 힘을 높일 수 있지만, 그것을 낮출 수 있는 것이 있다. 그것은 바로 경쟁이다. 식품체계의 모든 단계 중에서 농민들은 서로 간의 경쟁이 가장 심한 그룹으로 알려져 있다. 거대 농기업giant들이 주도하는 세계에서 그러한 경쟁은 농가의 소득을 낮추는 역할을 한다. 왜 농민들은 일시적으로 오직 소수에게만 이익이 되고, 장기적으로 모두에게 해가 되는 기술을 도입하기 위해 애를 쓸까? 경쟁 때문이다. 왜 농민들은 계속적으로 생산을 많이 해서 농산물 가격이 낮게 유지되도록 하는 것일까? 그에 대한 해답도 경쟁에 있다. 왜 농민들은 그들의 이윤을 지주나 거대한 농기업들에게 빼앗길 수밖에 없는 낮은 경제적 힘을 가지고 있는 것일까? 역시 그 해답은 경쟁에 있다."

위 내용은 미국 농가의 소득문제가 소수의 대규모 가공업체나 종자회사, 유통업자 등 거대 농기업들에 비해 열악한 시장교섭력 때문이라고 진단하고,

이에 대한 해법으로 농민들의 집단적 행동을 촉구한 미네소타 대학의 레빈스 교수의 처방이다. 카길무역과 몬산토종자와 비료, 타이슨축산가공, 월마트소매유통 등으로 대표되는 미국의 다국적 거대 농기업들은 욱일승천旭日昇天 하는 동안 미국 농민들은 그에 반비례하여 초라하게 쪼그라들고 있다. 가격결정은 주로 시장이 아니라 계약에 의해 이루어지고, 계통출하가 아니면 판매할 시장을 찾기조차 어려워지는 상황이 심화되고 있다. 오죽하면 미 농무부에서는 10여 년 전부터 모든 축산물 거래를 의무적으로 신고하는 제도인 **축산물가격신고법**Livestock Mandatory Price Reporting Law of 2001*을 도입하였을까?

이러한 농민들 간의 경쟁은 NAFTA와 같은 자유무역협정과 WTO와 같은 다자간 협상이 진행되면서 이제 전 세계적으로 진행되고 있다. 과거 미국 농민들 사이의 경쟁이 국경을 넘어 전 세계 농민들과 경쟁해야 하는 상황이 되었다. 채소 농가들은 멕시코의 농가들과, 과일 농가들은 칠레의 농가들과, 면화 농가들은 브라질 농가들과 경쟁을 하지 않을 수 없게 되었다. 밀 농가들은 호주나 캐나다의 밀 농가들과 전쟁을 벌려야 하고, 옥수수 농가들은 중국과 아르헨티나의 농가들과 극동 시장을 놓고 혈투를 벌여야 한다. 이러한 경쟁에서 살아남기 위해서 신기술을 도입하고 규모를 늘리고, 합병을 하거나, 정부에 더욱 더 의존하지 않을 수 없게 되었다.

이러한 과정에서 미국의 전통적인 소규모 가족농들은 더욱 어려운 상황에 내몰리게 되고 빠른 속도로 해체되어 가고 있는 것이다. 시애틀의 DDA 협상장 앞에 모여 WTO를 반대하는 미국 농민들의 모습은 전혀 생뚱맞은 얘기가 아닌 것이다. 미국 농업의 양극화는 무역자유화의 진행과 함께 지속적으로 전개될 것이며, 이에 따라 잘사는 농가의 수도 감소하게 될 것으로 예상된다.

그러면 과연 한미 FTA는 미국 농민들에게 어떤 영향을 줄까? 이번 협상의 대상이 아니었던 쌀이나, 이미 완전 개방에 가까운 상태에 있는 밀과 옥수수 농가들의 경우 별 변화를 기대하기 어려울 것이다. 한편 오렌지나 유제품, 소고기 등의 경우 시장 개방 폭이 확대됨에 따라 수출이 증가할 것이다. 그러나 이것이 미국 농가의 소득 증대로 이어질 지는 미지수다.

한국농촌경제연구원의 분석에 따르면 한미 FTA로 인한 수입증가액은 연평균 3억 7천만 달러에 지나지 않는다. 이중 타 국가로부터 빼앗아 온 수입 증가액은 1억 4천만 달러이다. 그러나 우리 농업은 15년간 연평균 6700억 원의 생산액이 감소하는 피해를 입을 것으로 분석되었다정확성 여부는 논외로 치고. 물론 이 분석은 가공식품의 수입으로 인한 농업 피해액을 포함하지 않았기 때문에 이를 고려한다면 그 피해 규모는 더욱 증가할 것이다. 그런데 한미 FTA로 인해 증가한 수입이 미국 농민들의 소득을 얼마나 증가시킬까?

그 대답은 "별로"이다. 그 이유는 우선 미국 농업 규모에 비해 수입 증가액이 미미한 정도에 지나지 않을 뿐만 아니라, 미국이 수출하여 생긴 국내 공급의 공백을 제3국이 채우는 소위 "수출진공효과" 내지는 "수입유인효과" 때문이다.

수입유인효과의 대표적인 사례가 2004년 미국과 캐나다 사이에 벌어져 WTO의 분쟁으로까지 이어진 밀 전쟁이다. 밀 전쟁은 미국의 공세적인 수출보조 정책으로 인한 수출 증가는 국내가격의 상승을 가져왔고, 이는 다시 캐나다로부터 수입을 증가시켜 기실 미국 수출정책의 과실을 미국 농민들보다 캐나다 농민들이 챙기면서 발생한 현재 진행형인 분쟁이다. 이러한 수입유인효과는 한미 FTA에서도 발생할 수 있다. 즉 한미 FTA의 결과 발생한 국내시장의 공백을 캐나다나 멕시코 등의 농민들과 나누게 될 것이고, 이는 다시 멕시코와 자유무역협정을 맺은 여러 나라 농민들과 나누게 될 것이다.

또한 수입 증가액은 카길 등 무역회사와 유통, 가공을 담당하는 중간단계의 주머니를 우선적으로 채울 것이다. 결국 한국 농민을 절벽 밑으로 내모는 한미 FTA의 과실이 온전히 미국 농민들의 주머니에 들어갈 가능성은 매우 적어 보인다.

이제 다시 돌아가서, 미국 농민들은 잘 사는가 하는 질문에 "대부분의 농가들은 그렇지 않다"라고 대답할 수 있을 것 같다. 미국 농민들도 한국 농민들이 겪는 것과 비슷한 어려움을 겪고 있으며, 미국 농촌도 한국 농촌과 같은 여러 고통을 안고 있다. 양극화와 심화되는 경쟁, 가격교섭력의 약화와 비용절감의 압박, 정부 의존도의 심화와 비농업부문의 견제 등이 그것이다. 그 결과는 열악한 주거환경과 해체되어 가는 지역공동체, 교육 및 의료 시스템의 부재와 문화의 공동화 등으로 나타난다. 결코 잘사는 모습이라고는 하기 어렵지 않을까? **농민들도 잘 살고 싶다는 외침은 지구 공통의 화두인 듯하다. 그러나 신자유주의 세계화 아래서는 결코 이루어지기 어려운…….**

용어해설

축산물가격신고법(Livestock Mandatory Price Reporting Law of 2001)

이 법안은 미국 내의 모든 축산물 포장업자(packers)나 가공업자(processors), 수입업자(importers)들이 자신들이 거래한 가격과 계약내용을 의무적으로 미 농무부에 보고하도록 규정한 법안으로, 미 농무부는 이 정보를 이용하여 축산농가들에게 필요한 보고서 형태로 만들어 배포해야 한다.

이 법안의 목적은 시장을 통하지 않고 대규모 가공업자와 개별 농가간의 사적 계약 형태의 거래가 늘면서 공정한 가격형성이 어려워지고 따라서 가격교섭력이 낮은 농가의 피해가 커지면서 모든 거래 내역을 의무적으로 공개하여 시장효율성과 공정성을 제고하는데 있다. 우리의 경우도 양계나 돈육 등에서는 이러한 현상이 나타나고 있어 미국의 사례를 참고할 필요가 증가하고 있다.

중국의 WTO 가입과 한국 농업

1999.11.19 농민신문

UR 협상이 시작되던 1986년부터 13년을 끌어온 중국의 세계무역질서에의 가입이 미국과의 극적인 타협으로 가시화되었다. 세계 4대 무역대국인 중국의 WTO 가입은 세계경제에 많은 변화를 가져올 것으로 전망된다.

중국은 미국과의 협상에서 농업과 제조업, 금융, 서비스 시장의 대폭 개방을 약속하고, 관세를 평균 22.1%에서 17%로 인하하기로 합의하였다. 특히 농업부문에서는 평균 31.5%의 관세를 14.5%로 대폭 인하하고, 주요 농산물에 대한 수입제한을 철폐하거나 **관세할당량***을 확대하여 수입시장을 개방하기로 하였다. 현재 200만 톤 정도 수입되는 밀의 수입할당량을 730만 톤에서 시작하여 점차 확대되고, 연간 1억3천만 톤 이상을 소비하는 쌀의 수입도 개방될 것이다. 중국이 관세할당을 통해 신규로 수입하기로 한 쌀은 국내 소비의 3%로, 이는 1998년도 중국이 수입한 25만 톤의 15배가 넘는 물량이며, 전 세계 무역량의 15%에 달하는 엄청난 양이다(물론 중국이 지각비용을 지불할 경우 MMA*물량은 3%보다 많을 수 있다). 중국은 이와 함께 대두유의 국영무역을 폐지하고 농산물 수출세를 철폐하는 등 획기적인 무역자유화를 약속하고 있다. 중국의 WTO 가입은 경제 전체적으로는 긍정적이지만, 중국의 농업에는 많은 부담이 될 것이며, 이는 농업의 구조조정을 가속화시킬 것이다.

중국의 WTO 가입은 한국 농업에도 많은 영향을 미칠 것이다. 우선 시장개방과 무역규제의 완화는 지리적으로 근접하고 식생활이 유사한 거대한 식품시장의 등장을 의미하며, 식량안보차원에서 추진하는 해외농업투자의 대상으로서 여건도 개선될 것이다. 또한 농산물 순수입국으로서 차기 WTO 협상에서 우리와 협력관계를 유지할 수 있을 것이다.

그러나 중국의 WTO 가입은 전체적으로 우리 농업에 부정적인 효과가 더 클 것으로 분석된다. 우선 자본시장 개방과 농업 구조조정을 통해 제고된 경쟁력으로 한국과 세계시장, 특히 한국의 주요 수출시장인 일본과 미국에서 경쟁이 격화될 것이다. 특히 우리와 비슷한 생산구조를 지닌 중국 농업의 구조조정은 국제경쟁력이 취약한 곡물생산에서 채소나 과일, 양돈 등으로의 이동을 촉진할 것이며, 이는 그간 한국 농업의 핵심부문에서의 경쟁이 심화되는 것을 의미한다. 상품과 금융시장의 자유화는 인위적으로 통제되고 있는 위안화의 평가절하를 유발할 수 있으며, 이에 따라 중국 농산물의 가격경쟁력이 더욱 증가할 것이다. 그럼에도 불구하고 중국이 WTO에 가입함에 따라, 과거 급증하는 수입을 관리하기 위하여 유용하게 이용되었던 조정관세의 부과가 더욱 어려워 질 것이다.

결과적으로 중국의 WTO 가입은 차기 협상과 함께 국내 농업을 더욱 위축시키고, 매년 10억불에 이르는 농축산물 무역적자를 심화시킬 것으로 전망된다. 또한 시장경제의 확대에 따른 약탈적 생산은 국내로 수입되는 중국산 농산물의 안정성을 저해할 수 있으며, **중국의 곡물수입의 확대는 국제시장의 불확실성을 제고시켜 식량의 해외의존도가 높은 한국의 식량안보를 더욱 위태롭게 하는 요인으로 작용할 것이다.**

이에 따라 정부는 **산업피해구제제도***를 합리화하고 조정관세 등 수입규제의 발동기준을 합리적으로 정비하여야 할 것이다. 또한 생산자단체를 통한 수입관리 제도를 확대하고, 원산지표시 제도를 보완할 뿐만 아니라, 농산물 검사와 검역기능을 강화하여야 한다. 이와 더불어 중국 농산물의 가격구조와 조세체계에 대한 연구를 본격화하여 향후 발생할 수 있는 분쟁에 대비하는 한편, 국내 농업경쟁력 제고를 위한 투자와 무역진흥정책을 확대하는 등 적극적인 노력이 필요하다.

용어해설

관세할당량(Tariff Rate Quota, TRQ)

특정품의 수입에 대해 일정량까지는 저율의 관세를 부과하고 그것을 초과하는 수량에 대해서는 고율의 관세를 부과해 수입수량의 과도한 증가를 방지하고, 동시에 동종 상품의 국내생산업체를 보호하고자 하는 이중관세 제도이다. 관세할당량을 확대하는 것은 저율의 관세로 들어오는 수입 물량이 늘어난다는 의미이다.

MMA(Minimum Market Access: 최소시장접근)

농산물협정상의 시장접근 방식의 하나. UR 농산물협상에서 관세화 품목의 경우 국내외 가격차에 해당하는 관세를 부과하도록 함으로써 수출국들의 시장접근기회가 없어진 점을 감안하여, 최소한의 시장접근 기회를 부여하기 위해 도입된 제도이다.

산업피해구제제도

특정한 외국물품의 수입으로 인하여 국내 산업이 심각한 피해를 입거나 입을 우려가 있을 경우 이해관계인의 신청에 의하여 정부에서 외국물품의 수입과 그로 인한 국내 산업의 피해사실을 조사하여 수입수량을 제한하거나 관세를 부과하는 등 적절한 구제조치를 취하는 제도이다. 산업피해구제제도는 자유무역주의를 지향하는 WTO체제하에서도 국제규범상 허용되는 유일한 국내산업 보호제도이다.

중국의 WTO 가입과 중국경제 감상법

2001.11.26 식품신문

2001년 11월 11일 카타르 도하에서 열린 WTO 각료회의가 중국의 가입을 공식적으로 선언함으로써 1978년 시장경제체제로 전환한 지 23년, 1986년 UR 협상 때 WTO의 전신인 GATT에의 가입 의사를 표명한 지 15년 만에 중국이 드디어 자본주의 시장경제질서의 일원이 되었다.

WTO에 가입하기 위해 142개 기존 회원국과의 양자간 협상을 해야 하는 지각비용을 지불하면서도 국제무역질서에 편입하고자 했던 이유가 WTO라는 거대 경제블록이 회원들에게만 보장해주는 시장 접근성과 동등한 분쟁해결절차의 적용 등 가시적인 효과만을 노린 것은 아닐 것이다. 보다 중요한 이유는 아직도 정치적으로 사회주의 체제를 고수하는 중국이 경제적으로는 자본주의 시장경제를 표방하여 세계경제지도에서 이질적인 아웃사이더가 아니라 같은 색깔을 가진 동료임을 알리고, 때로는 지도자로서의 역할을 할 수 있는 자격을 갖추는 것이라 할 수 있다. 실제로 많은 중국인들은 WTO 가입을 미국에 버금가는 세계 경제대국으로 가는 발판으로 믿고 있으며, 가까운 장래에 중국이 미국을 견제하는 초강대국으로 성장할 수 있을 것으로 기대한다.

중국의 성장 가능성은 상해의 포동지역을 방문한 우리의 고위 경제관료를 비롯한 많은 재계 관계자들의 탄성으로 가늠해 볼 수 있다. 필자 역시 상해의 변모를 직접 눈으로 확인하는 기회를 가질 수 있었다. 중국의 WTO 가입은 이러한 가능성을 가시화 하는 기회가 될 것이다. WTO에의 가입은 보다 투명하고 공정한 경쟁 룰을 적용하여 서방의 자본과 기술 도입을 촉진하고, 이를 중국의 값싼 노동력과 결합하여 세계 경제에 가장 커다란 영향력을 줄 수 있는 무역대국이 될 것이라고 예상할 수 있다.

그러나 이러한 가능성에도 불구하고 중국이 미국이나 EU 국가와 같은 선진국으로 부상하기에는 많은 과제가 남아 있다. 사회주의 정치체계와 자본주의 경제체제의 부자연스러운 동거와 급격한 경제구조 개편에 따른 갈등과 불화를 차치하고라도 경제발전론의 측면에서 중국이 해결해야 하는 과제는 매우 어려워 보인다. 1990년대 초 미국의 경제학자 폴 크루그만Paul Krugman은 **아시아의 4마리 용***이 더 이상 성장하지 못할 것으로 예상하여 국제적으로 커다란 논쟁을 유발하였다. 그는 이들 국가의 경제성장은 생산요소 투입의 증가에 의한 것으로, 기술혁신을 통한 생산성 증가가 없는 상태에서는 수확체감의 법칙에 따라 더 이상 성장하기 어렵다는 주장이었다. 당시 국내의 많은 경제학자들은 크루그만의 주장이 잘못되었다는 분석결과를 보이며 반박하였으나 1997년의 IMF 사태는 간단히 크루그만의 손을 들어 주었다.

흥미롭게도 크루그만의 주장은 중국의 경우에도 적용될 수 있다. 중국 시장의 개방에 따라 거대한 시장을 겨냥한 국제 자본의 투입과 농촌에서 방출된 저렴한 인력의 결합이 경제성장을 촉발시켰으며, 이는 다시 엄청난 구매력을 지닌 국내시장의 형성으로 이어져 선순환이 시작되었다. 이러한 선순환은 WTO 가입으로 가속이 붙을 것이다. 그러나 4마리 용의 사례에서 볼 수 있듯이 **일정 수준에 이른 경제가 질적으로 도약하기 위해서는 경제를 운영하는 시스템 자체의 개혁이 있어야 한다.** 이는 단순히 고급기술을 지닌 두뇌집단의 형성뿐만 아니라, 경제시스템 전체의 질적 향상과 투명하고 효율적인 경제구조, 그리고 공정하고 정의로운 배분체계가 뒷받침되어야 한다. 부패한 관료조직이나 비효율적인 기업, 신뢰받지 못하는 정책, 경제에 부담이 되는 정치, 비합리적인 소비행태 등을 불식시키지 못한다면 경제 전체의 질적인 향상을 이루지 못할 것이다. 여기에는 경제구성원 모두의 조화로운 양적 성장과 질적 향상이 있어야 한다. 불행하게도 이것이 오늘날 한국 경제가 직면한 문제이기도 하다.

중국의 지속적 성장은 현재 고도성장의 밑거름이 되는 13억 인구를 어떻게 조화롭게 레벨 업 시킬 것인가 하는 어려운 과제에 달려 있을 것이다. 경제성장이 지속됨에 따라 발생할 수 있는 부익부 빈익빈, 지역과 계층 간 불화를 효과적으로 조절하며 운영해 나가는 것이 중요하다. 특히 가진 자와 최고만의 온상이 될 WTO 체제 하에서 이 문제는 중국이 직면할 가장 지난한 문제가 될 것이다. 인구대국 중국이 과연 꼬마 선배들의 전철을 밟지 않고 세계의 초강대국이 될 수 있을지 궁금하지 않을 수 없다.

용어해설

아시아의 4마리 용(Four dragons of Asia)

1980년대 고도성장을 한 한국을 비롯하여 대만, 싱가폴, 홍콩 등 개도국을 일컫는 용어임. 1990년대 아시아 지역을 강타한 IMF 사태를 겪으면서 더 이상 명성을 이어가지 못했다. 그 자리를 대신해서 2000년대는 브라질, 러시아, 인도, 중국으로 구성된 BRICs의 시대로 불린다.

중국에서 제일 높은 상해국제금융센터에서 바라 본 푸동의 전경

중국 쌀 농업의 허와 실

2002.10.7. 식품신문

UR 협상 당시 한국의 가장 중요한 문제는 쌀 시장개방이었다. 무슨 일이 있어도 쌀만은 지키겠다는 대통령의 대국민 약속에도 불구하고 일정량을 의무적으로 수입하는 방식으로 개방되어 두 명의 장관이 물러나고 대통령은 국민에게 사죄성명을 발표해야 했다. 이 과정에서 가장 강력한 압력을 행사한 수출국은 물론 미국이었다.

미국은 당시 세계 2위의 쌀 수출국이었으며, 한국인이 소비하는 **중립종*** 쌀의 최대 수출국이었다. 한국 쌀 시장의 개방으로 미국의 쌀 농가들은 수출 확대의 기대에 부풀어 있었다. 그러나 개방된 한국시장에서 가장 재미를 본 나라는 중국이었다. 국내산의 1/3 가격으로 수출을 준비하던 미국은 1/6 가격으로 수출하는 중국에 밀려 금년도 수입물량에 한국정부의 배려(?)로 수출 기회를 얻기까지 단 한 차례도 공개입찰에 선정되지 못하였다. 이는 물론 가격경쟁력에서 중국에 밀리기 때문이었으나, 의무수입물량의 절반가량을 의도적으로 미국산으로 채웠던 일본과 비교하면 속상한 일이었음에 틀림없으며, 이는 2004년에 있을 한국 쌀 시장의 추가개방 협상에서 한국에 불리하게 작용할 수 있을 것이다.

한국 쌀의 국제경쟁력은 아이러니하게도 WTO가 출범한 1995년 이후 더욱 하락하였다. 수년에 걸친 생산 감소로 쌀 재고가 부족하였고, 이에 따라 쌀 산업 구조조정을 통한 경쟁력제고 정책기조가 증산과 농가소득보전을 위한 수매가격 인상 기조로 변하였다. 그 결과 국내 쌀 산업의 국제경쟁력은 형편없이 하락하였고, 이를 제고시키기 위해서는 엄청난 고통이 뒤따를 수밖에 없게 되었다.

한국의 쌀 산업에 가장 위협적인 존재는 당분간 중국이 될 것이다. 중국은 대부분 장립종을 생산하지만, 동북 3성이라 불리는 흑룡강성, 길림성, 요령성은 거의 중립종을 생산하며, 이들의 연간 생산량은 한국의 500만 톤보다 훨씬 많은 1,800만 톤에 이르고 있다. 국가로부터 무상으로 임대 받은 토지에 저렴하고 풍부한 노동력은 극히 저조한 기계화율에도 불구하고 가격뿐만 아니라 품질 면에서도 세계 최고의 경쟁력을 유지할 수 있는 원천이 되고 있다.

중국 쌀의 경쟁력은, 만약 한국이 2004년에 있을 WTO 쌀 협상에서 관세화를 통한 시장개방을 할 경우, 400% 이상의 고율 관세에도 한국시장을 충분히 공략할 수 있을 만큼 강력하다. 향후 중국 쌀이 현재와 같은 경쟁력을 유지한다면 관세화를 통한 쌀 시장 개방은 국내 쌀 산업의 몰락으로 귀결될 가능성이 매우 높다. 따라서 중국 쌀의 국제경쟁력이 국내 쌀 산업의 운명과 쌀 협상의 방향을 결정한다고 볼 수 있다.

그러나 최근 필자가 눈으로 확인한 동북 3성의 쌀 농업은 적지 않은 구조적인 문제를 안고 있었다. 중국정부의 지속적인 수매정책은 엄청난 재고를 초래하였고, 이것이 최근 중국 쌀의 가격을 하락시키는 중요한 요인이 되고 있었다. 또한 국내유통과 수출에 있어서의 수수료 감면이나 운송비 보조 등의 지원도 중국 쌀의 국제경쟁력을 제고시키는 원천이 되고 있었다. 그러나 이러한 정부의 보조는 중국의 WTO 가입과 함께 더 이상 유지되기 어려울 것이다.

산업의 측면에서는 더욱 심각한 문제가 숨어 있었다. 낮은 기계화율과 미흡한 경지정리는 중국 쌀의 경쟁력 향상에 제약이 될 것이며, 농촌노동력의 부족과 농촌임금의 급상승 등은 향후 경쟁력을 약화시키는 중요한 요인이 될 것이다. 이와 함께 수자원의 부족과 동북 3성 지역으로 진행되는 사막화도 생산의 감소와 가격경쟁력 및 품질경쟁력의 하락을 촉진할 것이다. WTO 가입으로 인한 산업구조의 재편과 품목간 수익성에 따른 농업생산구조의 변화도 중국 쌀의 경쟁력에 부정적인 영향을 미칠 것이다.

최근 엄청난 재고로 고민하는 중국은 한국시장으로의 진출을 적극적으로 모색하고 있으며, 2004년 추가 협상에서 상당한 압력을 행사할 것으로 전망된다. 중국이 벅찬 상대인 것은 틀림없으나, 그들의 경쟁력을 터무니없이 겁내할 필요도 없을 것이다. **중국 쌀 농업의 현황에 대한 정확하고 폭넓은 이해를 바탕으로 쌀 정책이 수립되어야 하며, 협상전략이 모색되어야 할 것이다. 이와 함께 농업내부에서도 생산비를 절감하고 품질 향상과 안전성 제고를 통하여 대외경쟁력을 강화시키는 노력을 경주해야 한다.** 어떠한 경우라도 한국의 쌀 농업이 무너지는 일이 없도록 모두 최선을 다해야 할 것이다.

용어해설

중립종

쌀의 품종은 인디카(장립종, long grain), 자포니카(중 · 단립종, medium or short grain))로 나눌 수 있으며, 품종에 따라 구성성분과 맛이 달라 소비용도에 있어 품종 간에 대체성이 거의 없다. 국제 쌀 시장은 장립종이 80% 이상을 차지하는 주도 품종이며, 태국산이 국제 가격의 표준이 된다. 국제 시장에서 장립종과 중립중은 일물일가가 성립하지 않는 것으로 분석되어(양승룡 · 조재환 농업정책연구 1999) 한국이 주로 소비하는 중립종의 가격위험을 장립종을 거래하는 태국의 선물시장이나 시카고 선물시장에서 헤지를 하더라도 거의 효과가 없다고 할 수 없다.

중국산 쌀, 품질은 좋아지고 가격은 비싸지다

한때 국내산 쌀 생산비의 1/6로 알려졌던 중국산 쌀 가격이 생산비 상승과 환율 인상, 국내 수요 증가 등으로 가격경쟁력이 크게 약화되었다. 그러나 국내 대형마트에서 팔리는 쌀은 포장이나 미질이 크게 향상되었다. 아래 왼쪽 사진은 중국의 국가품질인증과 친환경 non-GOM 인증을 획득한 최고급 중립종 쌀로 80kg에 211,200원(5kg 포장단위 환산)에 팔리고 있으며, 오른쪽 그림은 유기농 인증을 획득한 장립종 쌀로 208,000원(1kg 포장단위 환산)에 팔리고 있다. 국산 쌀에 비해 결코 싸지도 않고 품질이 뒤지지도 않는다.

2004년 쌀 추가개방 협상 결과

미국을 비롯하여 6개국이 한국 쌀 시장에 관심이 있음을 표방하였다. 이 중에는 국내 쌀 시장을 노리는 미국과 중국, 태국, 베트남, 호주 등 쌀 수출국뿐만 아니라 쌀 수출실적이 전무한 캐나다와 쌀 수입국인 이집트까지 달려들었다. WTO 규정에 의해 모든 이해당사국과 양자협상을 해야 했으며, 그 결과 쌀의 관세화 개방유예를 10년 연장하였다. 이 과정에서 미국은 밥쌀용 쌀의 수입과 자국에 일정 부분의 할당을 요구하여 관철시켰다.

에필로그

처음 집필을 시작할 당시 이 책의 제목은 『아, 한국농업』이었다. 우리 농업에 대한 안타까움과 무신경한 농업정책에 대한 탄식을 담은 것이었다. 그러나 제목이 너무 탄식조라는 주위의 지적에 『한국농업을 어떻게 할 것인가』로 바꿨다. 이 역시 농업 전문가가 아니거나 농업을 전공하지 않은 독자들이 골라들기에는 너무 긴 호흡이 필요해 보이는 제목이었다. 한 동안 무제無題로 남겨 둔 채 글을 쓰는 동안 마음에 쏙 드는 제목을 만났다.

이 책의 제목 『농업, 거의 모든 것의 역사』는 앞의 두 제목과 마찬가지로 본 문에 수록된 글의 제목이기도 하다. 이 제목은 생명의 기원과 인간, 그리고 지구와 우주에 대한 과학교양서인 『거의 모든 것의 역사A Short History of Nearly Everything, Bill Bryson 지음, 2003』에서 따왔다. 물론 내용은 전혀 다르지만 『거의 모든 것의 역사』에 비해 이 책의 내용이 제목과 더 잘 어울린다. 농업은 지난 200만 년 동안 인류가 가진 거의 모든 것의 역사이다. 이는 오늘날에도 여전히 유효하다. 미래에도 당연히 그럴 것이다.

지난 한 해, 이 책을 집필하는 동안에도 한국 농업은 여전히 적지 않은 충격과 논란에 휩쓸려 길을 헤매고 있었다. 쌀 조기관세화 시도와 쌀값 대란, 농협개혁과 신경분리 등이 가장 중요한 현안이었다. 그리고 그 논란의 한가운데에 정부가 있었다. 정부는 여전히 무신경하고 무책임하였고, 농정은 정책결정자들의 정치적 게임에 춤을 추었다. 농업의 기업농화와 대기업의 농업진출이 추진되었고, 오늘날 불공정거래의 대명사인 대형유통업체에 출하장려금을 지급하였다. 시·군유통회사와 광역클러스터를 급조하여 '억지 춘향'식 예산을 쏟아 붓고 있다. 식량안보의 명분 아래 생명의 갯벌을 뭉개고 조성한 새만금 농지를 비농업용도로 거의 다 빼앗기고도 아무런 책임감이나 부끄러움을 느끼지 못하고 있다.

최근 정부의 농업정책 방향을 우려하는 사람이 늘고 있다. 꼭 집어 얘기하긴 어렵지만 뭔가 잘못되어 가고 있다고 느끼는 것이다. 이 책이 농업전문가를 비롯하여 농업경제를 전공하는 학생, 농업문제에 관심이 있는 일반인에게 농업과 농업정책에 대한 이해를 높이고, 정부의 정책행위에 대한 건전한 비판을 통해 우리 농업이 지속적으로 성장하고 발전할 수 있는 하나의 디딤돌이 되기를 기대한다. 아울러 앞으로도 더 많은 디딤돌을 쌓아갈 수 있기를 희망한다.

이 책을 쓰는 동안 많은 사람들의 도움이 있었다. 귀찮은 일을 마다하지 않고 자료를 모으고 상상력을 동원하였던 김지연 조교를 비롯하여, 용어 해설과 교정을 도와 준 이춘수, 임송택, 강지석, 양성범, 김원용 대학원생들에게 감사의 인사를 전한다. 아울러 이 책의 집필을 위해 지원하고 격려를 아끼지 않았던 농촌희망재단 이사장님을 비롯한 사무국에도 깊은 사의를 표한다.

2011년 2월

안암동 일운재에서 저자 양 승 룡

참고문헌

양승룡, "식량위기와 한국농업의 대응전략" 한국농업경제학회 하계학술대회 (2008.8.26)

이춘수 · 양승룡, "시나리오별 쌀소득보전직불제 효과분석" 농업경제연구 49(3) (2008.9)

윤창식 · 양승룡 , "강서도매시장의 상장경매제와 시장도매인제 가격 비교분석", 유통연구 14(1) (2009.1)

서경남 , "전자식 경매가 가락시장 도매법인의 효율성에 미치는 영향 분석", 고려대학교 식품자원경제학과 석사학위 논문(2010.2)

양승룡 · 서경남 · 이춘수, "농산물 선도거래 청산소 도입 방안 요약", 유통연구 14(5) (2009.12)

용어 해설

지은이 **양 승 룡**

고려대학교 농업경제학과 졸업
고려대학교 농업경제학 석사
미국 퍼듀(Purdue) 대학교 농업경제학 박사

현재 고려대학교 식품자원경제학과 교수
한국농업정책학회 차기 회장
농식품부 농가소득안정위원회 위원
농민신문 양승룡칼럼 필자

한국농업정책학회 및 한국농업경제학회 편집위원장 역임
한국유통학회 부회장 역임
고려대학교 생명과학대학 부속농장 농장장 역임
농촌희망재단 이사 역임
농업정책자금관리단 이사 역임
농협개혁위원회 위원 역임
농협중앙회 사업구조개편 중앙위원회 위원 역임
대통령자문 농어업 · 농어촌특별대책위원회 쌀소위 위원장 역임

KRA와 함께하는 농촌희망재단 농업교양도서 3

농업, 거의 모든 것의 역사

초판 인쇄 / 2011년 2월 21일
초판 발행 / 2011년 2월 28일

지은이 / 양승룡
펴낸이 / 오판근
펴낸곳 / 교우사
출판등록 / 1994년 3월 24일 제6-0256호
주소 / 서울특별시 동대문구 제기2동 148-19
전화 / 02)925-2861(대표전화), 02)925-2825(편집부)
팩스 / 02)925-2860

kyowoo@kyowoo.co.kr
http://www.kyowoo.co.kr

ISBN 978-89-8172-871-7 (04520)

가격 **13,000**원